U0161524

头号·饮料

牛奶小史

Hannah Velten

Milk

A GLOBAL HISTORY

[英] 汉纳·韦尔滕 —— 著

吕红丽 —— 译

中国工人出版社

图书在版编目（CIP）数据

头号饮料：牛奶小史 /（英）汉纳·韦尔滕著；吕红丽译 .—
北京：中国工人出版社，2022.6
书名原文：Milk: A Global History
ISBN 978-7-5008-7919-0

Ⅰ.①头… Ⅱ.①汉… ②吕… Ⅲ.①乳制品—食品加工—历史—
世界—通俗读物 Ⅳ.①TS252.42-091

中国版本图书馆 CIP 数据核字（2022）第 075400 号

著作权合同登记号：图字 01-2022-0889

Milk: A Global History by Hannah Velten was first published by Reaktion
Books, London, UK, 2010, in the Edible series.
Copyright © Hannah Velten 2010.
Rights arranged through CA–Link International LLC.

头号饮料：牛奶小史

出 版 人	董　宽	
责任编辑	陈晓辰　董芳璐	
责任校对	丁洋洋	
责任印制	黄　丽	
出版发行	中国工人出版社	
地　　址	北京市东城区鼓楼外大街 45 号　邮编：100120	
网　　址	http://www.wp-china.com	
电　　话	（010）62005043（总编室）（010）62005039（印制管理中心）	
	（010）62001780（万川文化项目组）	
发行热线	（010）82029051　62383056	
经　　销	各地书店	
印　　刷	北京盛通印刷股份有限公司	
开　　本	880 毫米 ×1230 毫米　1/32	
印　　张	7	
字　　数	90 千字	
版　　次	2022 年 7 月第 1 版　2022 年 7 月第 1 次印刷	
定　　价	56.00 元	

目录

前　言

　　乳汁作为食物源远流长、广为食用，自出生之日起，乳汁就成了我们成长所需的营养之源。诚然，对于人类而言，母乳毋庸置疑是最天然、最健康的食物，但本书主要介绍的是既可以作为食物又可以充当饮品的动物乳发展史，是人类断奶后才开始在饮食中添加的食物。

　　全世界直接饮用动物乳的人数只占总人口的一小部分——大部分人比较偏爱加工后的乳制品，如黄油、奶酪和酸奶——此外，动物乳可能也是最具争议性的食物。自人类文明开启以来，人们就对动物乳的特性及相关危险性产生了激烈争论，结果，动物乳要么被妖魔化成为"白色毒药"，要么被尊崇为"白色灵丹妙药"。之所以产生这两种极端认识，就是因为动物乳是自身成功的牺牲品。动物乳越来越受欢迎，可是能够直接接触动物的人却很少，人们只得通过运输的方式将动物乳运送到千家万户。然而，在这一过程中，出于诸多人为原因动物乳品质受到影响。

所以，围绕动物乳的问题层出不穷：动物乳对人类究竟是有益还是有害？它究竟是一种奢侈品还是日常营养品？它究竟算是一种食物、饮品、万灵药还是只是徒有虚名？我们现在的"加工奶"还是我们祖先认可的动物乳吗？究竟怎样的茶才是完美的英式茶呢，是先放牛奶还是后放牛奶？这些问题的答案就如乳汁本身一样不清晰，模棱两可。

除了饱受争议之外，一说到牛奶，定能勾起大部分读者对小时候的诸多回忆（可能是愉快的，也可能是不愉快的）。显然，牛奶能够激发人们的某种怀旧情怀，而其他食品很少能引发这种情怀。例如，对西方人来说，一提到牛奶，可能就回忆起儿时农场里泡沫丰富、留存着奶牛体温、泛着淡黄色的牛奶；用蜡纸卷

传统送奶方式：比利时弗兰芒地区的狗拉
小车和送奶女工，1900年前后。

正在消失的送奶传统？2008年，英国送奶
工会把牛奶送到你的家门口。

头号饮料
牛奶小史

的吸管吸一大口学校的牛奶（有冰的，也有微温的），一口下去就能喝掉1/3品脱；还有放在门口台阶上的牛奶瓶，瓶口闪着银光的密封箔纸时不时就被鸟儿啄开了；送奶工吹着口哨，骑着电动车四处送奶，车上面放着蓝色（或银色）的牛奶箱；直接从冰箱里取出来的冰牛奶；牛奶瓶里厚厚的乳脂线；还有那一个个蓝色和白色的陶瓷牛奶罐。

这些关于牛奶的美好记忆现在都只能在历史书中呈现了。此外，现在直接饮用动物乳的社会群体已经不多了。现如今，全球范围内牛奶的供应更多是通过超市售卖的方式进行，有的用塑料瓶、纸盒包装，有的用塑料袋包装（常见于加拿大、印度和中美洲），牛奶全部经过均质处理，消除了乳脂线。在过去，牛奶售卖过程不受监管，牛奶中充满了细菌，还有掺假现象，甚至毒牛奶。现在的超市售卖形式虽然也有不足，但是与过去相比显然迈进了一步——牛奶的历史如此耐人寻味，相信它的未来也一定引人入胜。

Milk
A GLOBAL HISTORY

1

初　乳

乳汁被誉为"大自然的完美食物"，是所有新生哺乳动物的生命之源。乳汁是雌性哺乳动物的乳腺中合成的一种不透明液体，储存于乳腺中，并从中排出，用于哺育新生儿。这是哺乳动物最先吃到的食物，也是动物断奶前赖以生存和初始生长所需的营养之源。

有中世纪的资料显示，母体怀孕期间，月经血会从子宫流出用以滋养胎儿，并在胎儿分娩后变成乳汁[1]——其实，他们认为乳汁就是血液经过两次加工后形成的。但实际上，乳汁是由动物饮食中的营养物质合成的，血液流经乳腺组织时，乳腺从中提取这些营养物质合成乳汁。

乳汁的成分

乳汁的主要成分是水（约占85%以上），其余成分有用于提供能量的乳脂和乳糖（主要是乳糖），用于形成氨基酸的各种蛋白（主要是酪蛋白），以及各种维生素和矿物质。这些不可溶性营养物质的相对含量因哺乳动物的物种和品种而异，并受到哺乳动物的饮食和健康情况、整体情绪状态以及是否处于哺乳期等多方因素的影响。[2]古罗马百科全书式作家老普林尼在《自然史》中指出："每种动物的乳汁，春天时的含水量比夏天高；动物进入新牧场时，乳汁的含水量较高。"[3]英国作家塞缪尔·佩皮斯讲述过一个医生的故事，此人名叫卡尤斯，年纪很大，靠女人的乳汁延寿——实际上，他是直接从女人的乳房吮吸乳汁的——刚开始，他喝的乳汁来自"一个脾气易怒易躁的女人"，结果自己也变得易怒易躁。于是有人劝他寻找一个温和耐心的女人，结果，喝了这样的女人的乳汁，他真的变得温和耐心起来，完全没有了这个年龄惯有的暴躁脾气。[4]

动物的物种不同，乳汁的味道也有差异。如果乳汁与气味强烈的物质接触，就会沾染上这种气味。动物所食的食物味道也会影响乳汁的味道，如英国诺斯威奇和米德尔威奇地区的牧场含盐量高，由这里的奶牛产的牛奶制成的柴郡奶酪（英国最古老的奶酪）就会自带咸味。乳汁会携带动物所食牧草的特性，如果所食牧草具有药用作用，那么动物产生的乳汁也具有药用作用。反之，如果牧草有毒，那么乳汁也有毒。19世纪初，家养动物食用白蛇根草后，产生的乳汁毒死了数千名中西部美国人（包括亚伯拉罕·林肯的母亲）——动物食用这种乳汁后会引发"震颤病"；而人类食用后则会患上"乳毒病"（milk sickness）。

哺乳初期，即婴儿出生后，母体第一次分泌的乳汁称为初乳（beestings或first milk）。初乳呈黄色或橙色，黏稠，富含能量、蛋白质和各种抗体，但脂肪含

奶牛的选择：荷斯坦—菲仕兰奶牛以牧
场青草为食，产出的牛奶脂肪含量较低。

头号饮料
牛奶小史

量低。对新生儿来说，这是一种高度浓缩的食物，并能增强婴儿的免疫力。婴儿出生几天后，乳汁变成成熟乳，与初乳相比，不那么黏稠，颜色较白。成熟乳的产量与日俱增，最终达到顶峰（具体时间取决于具体物种），待到幼子断奶开始食用成年食物后，成熟乳的产量逐渐减少。

为什么要喝动物乳？

人类是唯一在断奶后继续食用动物乳的物种。为什么会这样？部分原因是，动物乳是远古时期我们的祖先能够获得的食物。我们的祖先掌握了驯养绵羊、山羊、奶牛、水牛、驯鹿、骆驼、马和驴等动物的技能后，获得了有限的动物乳的供应。虽然供应量十分有限（相对于现在的标准而言），却给人类文明带来了巨大的生存优势：在非洲和中东地区粮食和水都短缺的时代，动物乳成了人们赖以生存的食物；在谷类食物

挤牛奶的女人，出自13世纪早期的动物寓言集。

早期挤奶图显示，挤奶时小牛就站在奶牛面前，
约公元前2500年。

（尤其是钙和赖氨酸）不足的情况下，动物乳为人们补充营养；动物乳还具有与阳光一样的功效，能够给人补充维生素D，维生素D是增强骨骼所必需的物质（尤其是北欧人群）；此外水中有寄生虫，而动物乳中则没有。对我们的祖先来说，与驯养动物吃肉相比，饮用动物乳是一种将植物蛋白（饲料）转化为动物蛋白的更节能的方式。[5]

不过，不是所有家畜的乳汁都适合食用。例如，人们拒绝食用猪奶。虽然老普林尼的研究指出，母猪的奶对于下腹不适[6]、痢疾和肺结核有一定疗效，而且有益女性健康[7]，但是猪属于杂食动物，被许多文明视为"不洁之物"。此外母猪奶不易获取，通常一头母猪有多达14个乳头，而其他常见家畜一般只有2到4个；并且母猪每次"排乳"的时间只有10到30秒，而奶牛排乳的时间能够持续2到5分钟。因此，猪奶的产量不可能达到工业生产规模。19世纪的一幅版画刻画了一幅用马具装置将一头母猪吊在半空中准备挤奶的画面，不过这种方式从未得到广泛采用。[8]2007年，动物权利活动家希瑟·米尔斯想知道为什么老鼠、猫和狗所释放的温室气体比牛少，但是老鼠奶、猫奶和狗奶却没有受到欢迎的原因，答案可能和猪奶不受欢迎的原因一样吧。[9]

获取动物乳

　　获取动物乳是人类文明发展史上的一个重要里程碑，那么人类究竟是从什么时候开始学会获取动物乳的？这个问题困扰了考古学家几十年，不过最近已经有证据揭示人类获取动物乳的行为最早的发生时间和地点。最初人们认为，大约在公元前9000年至公元前7000年，近东地区（家畜驯化的发源地）开始驯化绵羊、山羊和牛（依次驯化），目的是为了获取动物的肉、皮和角；到了公元前5000年前后，人们开始开发动物身上的"副产品"，如动物乳、毛，以及将家畜充当役用动物。[10]人们开始获取动物乳的证据主要来自对动物骨骼的研究，从这些研究中可以推断出，母畜的饲养时间超过了肉畜通常的屠宰年龄，这表明母畜因为某种目的（如产奶）而被饲养的时间更长。[11]

但是，近代人们从一些陶器残片上发现了动物乳的残留物，经过年代测定，表明人们获取动物乳行为的始发时间应该更早——约在公元前7000年，甚至更早——获取动物乳的行为主要集中在小亚细亚半岛西北部，那里的人们以养牛为主，绵羊和山羊相对较少，因为当地草料丰盛，能够满足大体形物种的食用以及大量产奶需要。[12]

目前已知的最古老的关于畜群饲养和获取动物乳的图像证据源自利比亚撒哈拉沙漠，那里的岩画显示，大约公元前5000年起人们就开始驯养绵羊和牛。[13]人们在中亚的哈萨克斯坦北部发现了一些马的骨骼遗骸，经检测这些马均产过奶，时间可追溯到公元前3500年至公元前3100年。[14]还有一些图像证据表明，人类获取动物乳的行为在近东的美索不达米亚地区也存在过，如伊拉克滚筒印章上的图像（约公元前2500年至公元前2000年），刻画了一幅人们正在挤牛奶而小牛犊就站在一旁的画面。

早期挤奶方法

不管是什么动物，早期人类获取动物乳的第一个障碍就是如何成功地挤出乳汁。把幼崽与成年动物分开，然后人工挤奶的方法效果极差，因为在这种情况下，成年动物不会"排乳"，也就是说挤不出奶。乳腺分泌乳汁完全依赖"排乳反射"。这是一个无意识的生理反应，当轻触或吮吸乳头时，能够激活乳头中的感觉神经末梢，促使垂体分泌催产素，它们进入血液刺激乳腺泌乳。[15]

早期文明的人们必须学会在动物幼崽不哺乳的情况下利用这种排乳反射——这种欺骗动物泌乳的方

法过去是，现在仍然是世界各地盛行的挤奶方法。如果幼崽还活着，人们会让它们先吮吸一会儿母亲的乳汁，待到动物开始排乳时，挤奶工就过来接奶。有时，人们会把幼崽放在成年动物的前面，只要能够看见幼崽，挤奶工来"偷"牛奶时，动物也会产生排乳反射。如果动物的幼崽已经死亡，人们会将幼崽的皮剥下，用带有幼崽尿液气味的兽皮包裹一个南瓜，再填充一些稻草，或者直接让一个人把兽皮披在背上，假装幼崽。一旦成年动物开始舔舐假幼崽时，也会"喷射"乳汁。如果这些策略均不成功，就将动物的后腿绑在一起（防止它踢人），然后用一根特殊的管子朝它的阴道或直肠吹气。古希腊历史学家希罗多德在其著作《历史》一书中描述了斯基泰人（欧亚大陆的游牧民族）从母马身上挤奶的方法："他们将一根骨头做成的长笛状管子插入母马的肛门中，然后吹气，一个人吹气时，另一个人挤奶。据他们所说，这样做的目的是将空气吹入母马的静脉，迫使乳房泌乳。"[16]此外，定时挤奶、固

一名牧童正在向母牛吹气，刺激母牛排奶，
1982年，东非。

头号饮料
牛奶小史

定的挤奶工、对动物唱歌，也有助于动物"排乳"。

挤奶方式

在古代美索不达米亚南部的重要城市乌尔公元前2500年的石棺浮雕上，描绘有早期人们挤牛奶的场景，挤奶的人坐在奶牛后面，手从后腿向前伸到乳房处挤奶。由此可见，似乎在近东和西亚的寒冷地区，挤奶工更倾向从动物后面挤奶。但是根据埃及公元前3000年年初之后的古墓场景来看，人们主要是从奶牛的侧面挤奶，这种方法似乎也是欧洲和印度的挤奶惯例。[17]

一些关于绵羊挤奶的照片也显示，挤奶者要么坐在动物后面挤奶，要么骑在动物身上，面向尾部，两腿紧紧夹住动物防止其乱动，身体向前弯曲，双手从动物后腿处穿到乳房处挤奶——动作幅度之大，令人叹止。这些挤奶方式，通常是早期文明用于获取绵羊和

马耳他奶贩和他的山羊。

头号饮料
牛奶小史

山羊奶的方法，现在地中海国家仍在使用。

给母马挤奶的方式似乎只有一种：挤奶者单膝跪下，一只胳膊上挂一个小桶，平稳地放在另一条大腿上。两只手臂环绕母马的一条后腿抓住乳房。挤奶时先让一只小马驹吮吸乳汁，待母马开始排乳后，另一个人将小马驹拉开，站在母马的一侧，直到挤奶结束。给骆驼挤奶的方式与之相似，在挤奶的过程中始终让小骆驼站在母骆驼一旁，只不过由于骆驼的乳房位置比较高，挤奶者通常需要单腿站立，另一条腿抬起弯膝，靠在站立的腿上，并将盛奶的罐子放在弯曲的腿上接奶——挤奶人在整个过程中用双手挤奶。给驯鹿挤奶需要两个人合作，一个人抓住鹿角（公鹿和母鹿都有鹿角），另一个人挤奶。

乳糖不耐受症

人类成功地从家畜身上获取乳汁后，更多问题接

蒙古草原上一对夫妻正在挤马奶。

挤骆驼奶时需保持身体平衡，蒙古戈壁沙漠。
注意小骆驼就在旁边。

头号饮料
牛奶小史

踵而来。在此我们谈论的不是牛奶生产过程中存在的卫生问题，而是指人工挤奶过程中遇到的问题：当挤奶工需要润滑动物乳头时，会用手沾一点已经挤出来的牛奶。这样挤完奶后，能从装奶的桶里或碗中过滤出数量惊人的泥土、昆虫和动物毛发。这样的牛奶很有可能含有大量细菌。

直接从动物身上获取的新鲜乳汁，不仅具有传播疾病的风险，而且由于乳汁的特性，我们的祖先直接饮用鲜奶后就出现过一些不舒服和尴尬的反应，如腹泻、腹胀、胀气和胃痉挛。现在的成年人已经习惯喝鲜奶，却没有几个人知道这是一种多么不寻常的习惯。人类到了6岁后就不再分泌乳糖酶，乳糖酶能够分解乳汁中的乳糖——正因为如此，成年人和儿童不宜饮用专为婴儿设计的奶粉。[18]人体无法消化乳汁中的乳糖这一特性，很有可能推迟了早期文明的发展。事实上，东亚、非洲、南欧的人们以及美洲和太平洋地区的土著都厌恶动物乳。不单纯是从文化上的讨厌，从生物学的角度来说，这些地区的人们也不宜饮用动物乳。[19]据估计，世界上有75%至80%的人无法消化生牛奶（raw milk）。有人说，乳制品在中国较长时期内不受欢迎的传统源于14世纪的明朝，当时明朝将蒙古人视为"野蛮"民族，只要和这个民族有关的食物，一律被清除。因此很长一段时间内，许多中国人断奶后就没有接触过动物乳，不难理解为什么有些中国人将奶酪描述为"从老奶牛肚子里排出来的黏质物，有一种腐烂后的味道"。[20]一些文明，例如印度，找到了解决乳糖不耐受的方法，他们将牛奶煮沸后再饮用。还有的人更喜欢酸奶、奶酪和黄油，因为发酵过程和煮牛奶的过程都能自然分解乳糖。

不过，在喝奶的文化中，大多数人都能分泌出足够的乳糖酶来消化乳糖。原因诸多，可能是遗传的原因，也可能是环境的原因：靠乳汁生存的饮奶者，其基因逐渐进化为乳糖耐受型（通过一种名为"LCT基因突变"的方式[21]），抑或，如果一个人从婴儿期到成年期持续饮用乳汁，也会对乳糖持续耐受。[22]

鲜奶变质

除了对鲜奶产生不良反应外，早期文明的人们面临的另一个问题是，从动物乳房中挤出乳汁后，无法长期保鲜（近代也是如此）。在变质过程中，无害细菌（如果幸运的话）会吞噬动物乳中的乳糖，释放乳酸，导致乳汁迅速变酸、凝结或发酵。这种普通的变酸过程可形成无害的奶制品，比如酸奶，符合西方国家人们的口味，尤其成了中东国家人们的食品宠儿。但是，煮沸后的动物乳，放置久了会变质并且有毒。

动物驯化中心的温度通常很高，这加速了鲜奶的变质过程：动物乳是"最终的本地产品，无法进行任何距离的运输"。[23]由于哺乳动物的哺乳周期通常在春天和夏天，这两个季节牧草最富足，动物产子后，奶量也最充足。在这几个炎热的月份，动物乳供应过剩；

但是到了粮草短缺的秋、冬季节,情况就会发生逆转。由于动物体内能量"干涸"进而停止产奶,我们的祖先一年中大约就有4个月没有鲜奶为食,只得依赖在动物乳量充足时制作的奶酪和黄油等奶制品为食。

由于人类的乳糖不耐受症、季节变化和乳汁易变质这3个原因,鲜奶成了许多文明的边缘饮品和食品。

动物乳的早期用途

鲜奶最基本的用途就是作为人们的一种食物和饮品,一般只有生活在乡村附近的人才能享用,比如牧羊人和游牧民。穷人只能靠最基本的必需品为生,而动物乳就是他们的必需品之一。人们将乐土迦南描述为"流淌着牛奶和蜂蜜"之地,象征着这里水草丰美和广袤富饶。

大多数情况下,人们会将新鲜乳汁进行发酵或酸化处理制成饮品,例如开菲尔(*kefir*),这是一种黏稠、酒精度数低的酸奶型饮料，由高加索山脉的牧羊人制作的一种传统饮品。其做法是先将绵羊奶或山羊奶装进一个皮袋中，再装入开菲尔粒（一种细菌、酵母菌和糖的混合物），然后将皮袋挂起来。有人路过时就用一根棍子敲打几下，促使皮袋中的物质发酵。

相比而言，富人们很快学会了在烹饪中使用动物乳的方法。例如，古巴比伦的楔形文字文献显示，公元前1750年前后，人们在山羊羔炖肉、"塔鲁"炖禽肉和禽肉馅饼等食谱中加入了动物乳或酸奶。动物乳通常也是节日菜肴中的一部分。[24]但并非所有民族都会采用这种将肉和奶混合在一起的方法，尤其是信奉《摩西法典》的犹太信徒。《摩西法典》规定，在犹太人的烹饪过程中，动物乳和肉不能同煮。如《圣经》中所述："不得用母山羊的奶煮它的山羊羔。"[25]（下文中的马赛人也是如此。）

古老的印度传统医学体系——阿育吠陀疗法或"生命科学"——也教导人们，应该避免将奶与鱼或

山区的居民正在用碗喝马奶酒。巴基斯坦北部。

肉混合烹制，不过热奶可以与甜味食物同食，如大米、小麦、枣、芒果和大杏仁。根据阿育吠陀疗法，动物乳也不应与酸、苦、咸、涩或味道强烈的东西同饮，会导致动物乳无法被消化——所以吃饭的时候，不要喝奶。若想消化新鲜奶，一定不能喝凉的。应该将新鲜奶煮沸至起泡，然后用小火慢炖5—10分钟。新鲜奶经过加热会改变其分子结构，使之更易消化。如果将新鲜奶用于烹饪中，需要加少许姜黄粉、少许黑胡椒粉、几根肉桂棒或几片生姜，从而减轻新鲜奶的黏稠度，或减轻黏稠带来的副作用。[26]这种烹饪方式一直沿用至今。

有了这些严格的配方，牛奶和水牛奶在印度人民的饮食中发挥了重要作用——至今，印度仍然是世界上最大的牛奶生产国，2007—2008年的产量达到了1.02亿吨，[27]水牛奶占印度全国商业牛奶供应量的50%以上。[28]印度饲养的水牛主要是"河流型"品种，成本低廉、以粗劣的热带牧草为食，却能产出大量淡蓝色/

灰色奶，比牛奶密度更高，口感更细腻顺滑。印度南部的托达斯人完全依靠水牛奶为生，一方面供自己消费，另一方面对外出售。他们大约共饲养了1800头水牛，养活了分布在60多个定居点中的约1000个家庭。[29]

对乳品的传统依赖性

除了托达斯地区和印度的大部分农村外，还有许多发展中国家和部落文化也习惯以动物乳为主食。在中国西藏，游牧地区饲养的母牦牛产出的奶呈金色，味道浓郁。但牛奶产量低，每头母牦牛每年的产量只有200—300公斤（而商业奶牛每天的产量可达20—30公斤）。煮沸的牦牛奶主要供儿童、老年人和体弱多病者饮用，夏季牛奶充足时，人们会将牛奶添加到茶中制成奶茶，或者将其发酵并饮用，或者制成酥油（放进热茶中同饮）、凝乳或奶酪。牛奶还可以与蘑菇同煮，制成的美味深受牧民的喜爱。[30]

蒙古每年都会举办一场盛会庆祝马匹首次产奶，这预示着"白食"季（White Food）的开始，即马奶、奶酪、凝乳和马奶酒时光的到来。新鲜马奶一般不能喝，其相当于一种强力泻药——公元前1世纪瓦罗所著的《论农业》中就提到了新鲜马奶的这种副作用。[31]于是，人们将新鲜马奶装入皮革或羊皮制成的袋子中，再用一根大棍子不断搅拌（棍子的粗细和一个人的头颅大小差不多，底部是空的），3天后马奶开始变酸并发酵。这种方法能够制作出辛辣但酒精含量较低的一种饮品，即马奶酒，[32]人们会在各种庆祝活动中饮用。弗兰芒僧侣威廉·范·鲁伊斯布罗克于1253年至1255年访问了位于哈拉和林的蒙古宫廷，当时哈拉和林是世界上最强大的城市，也是欧洲大陆的中心。他在书中介绍了马奶酒在宫廷中的供应情况，约有3000匹母马专为宫廷供应马奶。[33]他如此描述马奶酒：

马奶酒喝起来就像渣汁葡萄酒（一种品质极差的葡

萄酒），喝完后，口中有一种杏仁乳的味道，能让内心产生愉悦感，但会头晕有醉意，并且有尿频感。[34]

　　沙漠游牧民族，比如贝都因人，过去和现在都以骆驼奶为食——骆驼奶也是干旱条件下必不可少的一种液体来源。即使骆驼脱水了，骆驼奶中的水分依然丰富，能够为沙漠旅行者提供营养丰富和水分充足的食物。[35]老普林尼说，一份骆驼奶用3份水稀释后味道会更好。[36]虽然贝都因人也能获得绵羊奶和山羊奶，但他们只喝骆驼奶——而将其他动物乳制成黄油或奶酪——因为骆驼奶更受欢迎、更健康。贝都因人认为骆驼奶能够治疗丙型肝炎、胃痛、性功能障碍和消化问题，还有助于增强人体对疾病的免疫力。[37]

　　东非的马赛族是一个牧民部落，传统食物有牛奶、牛肉和牛血。马赛文化中，禁止在饮食中将牛奶和肉类同食（因为他们认为牛奶取自活牛，而牛肉取自已被宰杀的牛，两者同食，是对牛的一种侮辱），所以他

在小牦牛面前给母牦牛挤奶，蒙古。

们会连续喝10天牛奶——新鲜牛奶，或者吃凝乳——然后再吃几天牛肉和树皮汤。不过，牛奶可以和牛血混吃，因为牛血是用箭割开牛的颈静脉获得的，这种用牛奶和牛血混合而成的奶昔一般用于某些仪式中，生病的人或体虚之人也可饮用，以增强营养。

生活在芬兰拉普兰地区的萨米人与驯鹿有着独特的渊源。夏季驯鹿也会产奶，但是产量相对较少。萨米人食用鹿奶的方式较多，有的直接饮用新鲜鹿奶，有的将鹿奶置于空气中使其干燥形成乳清蛋白（放在咖啡中食用），有的将鹿奶制成奶酪。现在鹿奶已经不再是萨米人的主要食物，但老人们还记得，将鹿奶和草药（如山酸浆菜或当归花花蕾）熬煮成粥，放在木桶中，可以保存一个冬天。[38]

希腊人和罗马人对鲜奶所持的态度

并不是所有文化的人都喜欢喝新鲜奶，希腊人和罗马人尤其不喜欢。无论在古代还是在现代,地中海地区的奶源主要是山羊奶和绵羊奶,因为山羊和绵羊能够适应炎热、干旱的气候,而这种气候不可能形成水草丰盛的牧场,所以不适宜养牛。人们通常会将山羊奶和绵羊奶混在一起,以增加鲜奶的总体积和浓度,因为山羊的产奶量是绵羊的数倍,但绵羊奶的浓度更高,营养自然也更丰富。这些羊奶主要用于制作奶酪。

　　罗马的城市居民不喜欢喝动物乳,主要有以下几个原因:首先,动物乳主要在城市以外的农场生产,因此很难保持新鲜度。其次,就像前面提到的中国明朝一样,有文化的罗马人总是将喝动物乳与野蛮人(非罗马人)和流浪的游牧民族联系在一起,认为他们没有受过教育,粗俗不开化。[39]希腊历史学家希罗多德将游牧民族斯基泰人描述为喝着酸味马奶(让奴隶把马奶搅拌直至变酸)的民族。[40]罗马共和国杰出军事统帅恺撒将他于公元前54年遇到的第一个英国部落描述为"以奶和肉为生的民族"。[41]然而,生活在农村的罗马人不可避免地会经常食用绵羊奶和山羊奶，毕竟实用性还是要比意识形态重要。[42]普林尼说，这些乡下人喜欢在喝羊奶时再嚼几根欧芹。[43]不过罗马的城市居民确实喜欢一种乳品——初乳（beestings）。罗马诗人马夏尔在《讽刺小诗集》中把初乳列为一道美食，如果参加聚会没钱买礼物，可以将"初乳"作为礼物送给举办聚会的主人。[44]普林尼说，若饮动物乳，需采取预防措施，因为"众所周知"乳汁进入胃里后会产生凝结现象，从而引起肠胃胀气：

　　最好的动物乳是那种用指甲轻触后，能够附着在指甲上而不会流走的鲜乳。将鲜乳煮沸后再饮用最健康，尤其是放入几块鹅卵石同煮，效果更佳。牛奶最易被吸收，所有的动物乳只要煮沸后再饮用就不容易胃胀气。[45]

　　《阿皮修斯的罗马烹饪法》中介绍了几个罗马人和希腊人在烹饪中使用鲜奶的例子。食谱中有最简单的使用方法，即用鲜奶煮咸肉，这样煮出的咸肉稍带甜味；还有比较复杂的方法，如首先将鱼肉、禽肉和香肠（也可以是牡蛎、动物脑髓和刺螯水母）打成肉糜，再加入鲜奶和鸡蛋，然后放入砂锅中烹制。[46]有些甜点中也会加入鲜奶，例如坚果奶蛋饼。还有一种更具创新的烹饪法：

先用海绵将蜗牛清洗干净，去掉外膜，这样蜗牛就能（从壳中）钻出来。将蜗牛放进一个容器中，第一天加入盐和鲜奶，此后每天加一些鲜奶，并且每小时清洁一次蜗牛的排泄物。蜗牛在鲜奶的浸泡中不断长胖，当胖到无法缩回壳里时，再用橄榄油把蜗牛煎熟食用。[47]

酸奶或凝乳（*oxygala*或*melca*）可以独立食用，也可以与蜂蜜或生橄榄油混合食用。[48]酸奶的制作方法十分简单，只需在鲜奶中加入现有酸奶、发酵无花果汁或凝乳酶即可。虽然罗马人自己也食用鲜奶，但是恺撒大帝视英国人为食用动物乳的民族，多有贬损之意。实际上，鲜奶主要是北欧穷人的饮品。

北欧人对鲜奶的态度

自从第一批新石器时代的农民将驯化的奶牛、绵羊和山羊带到英国以来，动物乳成了英国人饮食中不可或缺的一部分——尽管最初他们都经历了乳糖不耐受的过程。当时的人们更喜欢牛奶，但是到了青铜器时代（人们将许多森林覆盖的土地开发出来），人们饲养的山羊和绵羊越来越多，山羊奶和绵羊奶的产量也越来越多。[49]

英国人食用山羊奶和绵羊奶的饮食习惯一直持续到16世纪，年代史编者威廉·哈里森于1577年写道："绵羊奶膻、味甘，没人愿意主动吃（除非已习惯其味）。"但是山羊奶具有"健胃益脾、活化肝脏、润肠通便"的功效。[50]然而，由于新型乳制品行业的兴起，

挤山羊奶和挤牛奶插画，英国，12世纪。

挤奶女工挤牛奶的石雕画。

奶牛饲养量大增，人们最终又重拾对牛奶的偏爱。

生活在斯堪的纳维亚半岛、英国、法国、德国和荷兰的农民和穷人主要以动物乳为食（还会直接饮用生鲜奶），而富有之人（当然还是指16世纪的富人）只是将鲜奶及乳制品作为烹饪材料。他们普遍鄙视动物乳，认为"白肉"（牛奶、奶酪和鸡蛋）、面包和肉汤都是穷人才吃的食物。[51]英国朝臣兼科学家肯奈姆·迪格拜爵士于1658年写道："我所见过的最吝啬的佃农，就养一头牛，就靠牛奶养活全家人。牛奶是穷人最主要的食物。"[52]

但是据16世纪旅行作家约翰·史蒂文斯所述，爱尔兰人堪称牛奶消费之王，"他们是我见过的最爱喝牛奶的人，共有大约20多种吃乳制品和饮用牛奶的方法"。[53]中世纪爱尔兰喜剧诗歌《麦克·康林恩的愿景》表明，几百年来，牛奶一直是爱尔兰人饮食中的重要组成部分，因为诗歌中这样写道："稠牛奶，稀牛奶，浓牛奶，淡牛奶，泡沫丰富的黄牛奶，一边吃一边嚼……"[54]

牛奶进入美洲

欧洲人发现美洲大陆并对其进行殖民统治后,将饮用牛奶的习惯也一并带到了新大陆。16世纪,西班牙人将他们的牛引入中美洲和南美洲,从而将牛奶带进了人们的生活,不过他们通常是将牛奶加工成奶酪后食用,这也是西班牙人在自己国家食用牛奶的方法。如今,牛奶在美洲已经是大众食品,尤其是在阿根廷,由于欧洲曾经的殖民统治,饮用牛奶人口占到了总人口的80%。[55]

1611年(有些文献表明可能是在1610年[56])5月,当第一批牛抵达美国弗吉尼亚州的詹姆斯敦镇时,相关书面记录显示,英国殖民者对牛奶非常重视。特拉华州州长就曾以书面形式表达了他对来年将有更多的牛运到那里的兴奋之情:

对我们的人民来说,牛奶不仅营养丰富,还具有益气提神的功效,有时既可以作为食物,又可以当作药物。因此毫无疑问，当托马斯·戴尔爵士和托马斯·盖茨爵士带着100头母牛浩浩荡荡地抵达弗吉尼亚州时，上帝都开心地笑了。[57]

随着奶牛不断被引入美洲，牛奶与美国之间一波三折的关系的序幕被拉开。

2

"白色灵丹妙药"

动物乳不仅可以单纯地作为功能性食品和饮品供人食用，在许多传说中还是一种神秘而珍贵的物质，这也许是动物乳比较稀缺的缘故吧。乳汁是一种纯洁的、神灵恩赐于所有哺乳动物的礼物，是婴儿（无论是婴儿期的上帝、国王、圣人还是凡人）的生命之源，病弱者的康复之泉，因而广受人们的推崇。在乳汁的名声被玷污之前，许多国家的神话传说都将乳汁誉为"白色灵丹妙药"，甚至在今天，如果有人患有睡眠障碍问题，只要睡前喝一杯热牛奶，便能起到助眠的作用。

纯净的乳汁

1912年，哈佛医学院公共卫生与预防医学专业的罗西瑙教授完美地将乳汁诠释为一种纯净的物质，能够使人身体健康、幸福安康：

乳汁无处不在，是纯洁的象征，是每个婴儿生命之初那几个月中唯一的食物，温和有益健康，纯净无瑕。洁白的颜色，使之倍显纯净。[1]

凡事似乎只要是"乳白色"的，都应该是纯洁的，如英国诗人约翰·德莱顿在《牝鹿与豹》诗中将"永不犯错的"罗马天主教会比作乳白色的牝鹿，而将错误百出的英国教会比作黑豹。此外，将乳汁喻为纯洁的象征还体现在一个更为古老的印度史诗《摩诃婆罗多》中，史诗中描写了善神与恶魔共同搅拌乳海，以期获得长生不老的灵丹妙药。白色的乳海象征着人类自然纯净的心灵或意识，搅动乳海象征着人类在世间塑造心灵的活动。最终要么搅拌出毒药（人类的贪婪和自私），要么搅拌出灵丹妙药（精神上的快乐）。从乳海

一滴洁白无瑕的乳汁，象征着纯净和纯洁。

阿列克谢·韦涅齐阿诺夫:《挤奶女工》,19世纪20年代。
体现了乳汁与青春和纯洁的完美结合。

头号饮料
牛奶小史

搅拌出来的诸多宝藏中，有一个是圣牛女神卡玛德亨努，也是诸牛之母。她是一头神奇的"丰裕之牛"，能够满足主人的一切愿望，因此也被称为让你"梦想成真的母牛"。

诸神之食

印度人崇拜神牛的主要原因是神牛能够赐予人类牛奶，这人类的生命之乳。由于牛奶是神牛所赐，因此印度人认为牛奶是献祭给诸神的最好礼物。湿婆派信徒的主要宗教仪式，便是用鲜花、牛奶、纯净水、水果、树叶和大米供奉林伽。[2]

在印度，至高无上的人或神祖克里希纳与牛奶有着不解的渊源，据说克里希纳小时候由一群牛抚养长大。在克里希纳诞辰日这一天，人们要向他供奉用牛奶制成的食物和糖果。印度人也会在蛇节供奉克里希纳，以纪念他战胜卡利亚蛇的壮举。蛇节一般在7月或8月，

《搅拌乳海》，摄于曼谷机场。

头号饮料
牛奶小史

向湿婆神供奉牛奶。

大宝森节期间背挂小牛奶罐的人。

这一天，信徒们会用牛奶供奉蛇——尤其是眼镜蛇，这是所有印度教徒心中神圣的蛇。信徒们要么将牛奶倒进靠近房屋和寺庙的蛇洞里，要么在蛇洞附近放几碗牛奶让蛇喝。如果蛇真的喝了信徒供奉的牛奶，人们会认为这个信徒非常幸运。信徒及其家人们相信蛇喝了他们的牛奶，在即将到来的雨季里他们便不会被蛇咬伤，因为雨水通常会把蛇从洞里冲出来，四处伤人。

除了印度以外，其他文化也会在祭祀中使用牛奶。据老普林尼说，神话中罗马的创始人罗慕路斯祭祀时用的就是牛奶而不是葡萄酒，葬礼上的火葬堆最终也是用牛奶浇灭的。这也许是因为他和他的兄弟雷慕斯曾被一只母狼哺乳过，当然最有可能的原因是当时葡萄酒短缺。[3]

牛奶也是埃及女神伊西斯的圣物，至今神圣"伊西斯之奶"的配方仍然存在，配料有牛奶、杏仁糖浆和草莓。[4]伊西斯曾用这种粉红色的甜牛奶治疗儿子荷鲁斯、逝者和法老，她视他们如自己的孩子，试图用甜

古希腊银币上母狼哺乳双胞胎的图案。

牛奶让他们起死回生。祭祀伊西斯的仪式队会将牛奶倒入一个乳房状的花瓶里，牛奶可以从中流出洒在地上，作为一种神圣的祭品。与伊西斯用牛奶让法老起死回生的神话相似，婴儿宙斯和婴儿朱庇特曾以山羊奶和蜂蜜为食——有些神话版本中提到宙斯是由神羊阿玛特娅的乳汁养大的。因此，人们常将牛奶与蜂蜜混合，这种混合物在希腊语中被称为 "*melikraton*"，用于供奉逝者、希腊神和罗马神。[5]挪威人也会用动物乳汁祭祀并供奉诸神：传说阿萨神族（挪威的诸主神）受伤后，在瓦尔哈拉喝的就是用神羊海德伦的乳汁加蜂蜜制成的蜂蜜酒；原始母牛奥杜姆拉喷射出四股乳汁滋养着巨人伊米尔——根据挪威神话，后来的宇宙就是由伊米尔的躯干形成的。

精神食粮

乳汁不仅是诸神的食物，也是圣贤、先知和圣人的食粮。印度阿育吠陀疗法指出，人的身体中有三种能量元素——悦性元素（平衡）、变性元素（活性）和惰性因素（惰性）——这三种元素赋予每个人特定的性格和冲动（很像中世纪欧洲的"四种体液"理念），通常其中一种元素占主导地位。阿育吠陀疗法认为，人之所以有这三种能量元素是由于吃了不同食物，这也诠释了食物对生理机能非物理方面的影响——即对大脑、心脏、感官和精神的影响。除了人类乳汁，其他所有动物乳中，牛奶被誉为最纯净的悦性食物（sattvic food），也就是说这种食物能够令人振作精神，同时又会让人稳定平和，帮助人保持内心平静，利于心灵。[6]但牛奶挤出后四小时内必须饮用完毕，否则就会变质：变质牛奶易导致人情绪激动，烦躁不安。圣贤、圣人和先知通常只食用悦性食物（由当地信徒提供），比如鲜奶或米布丁（用牛奶烹制的大米），这类食物能够让人产生更高的觉悟。食用牛奶不会激发他们的世俗欲望，也不会扰乱他们追求高层次形而上学真理

尼古拉斯·普桑:《养育朱庇特》, 16世纪30年代中期。

头号饮料
牛奶小史

的心境。[7]

除了印度，其他一些国家的文化中也认为牛奶具有提升精神觉悟的作用。佛教中，创始人乔达摩·悉达多结束禁食之后，接受了当地乡村少女献上的米布丁，这盘食物给了他冥想、开悟的力量。在爱尔兰，圣徒圣布里吉德与牛奶有着不解之缘。刚出生时，她便在牛奶中沐浴，由于无法消化普通牛奶，她得到了神奇乳汁的滋养。乳汁来自未来世界的一头母牛，母牛呈白色，长着红色的耳朵，一到圣布里吉德节就会一直在农场陪着她。在母牛几乎已经不产奶的季节，农妇们会拿着一根幸运蜡烛来到牛栏，烧掉牛乳房上部的长毛，以示得到圣布里吉德的庇佑，这样春天到来时，母牛的产奶量就会充足。五朔节一到，母牛果然奶量充裕，年轻人涌到农场，尽情享用丰富多样的奶制品——奶油葡萄酒、凝乳、乳酥和奶油蛋糕。[8]

像这样的神奇奶牛不止一头。斑点牛弗雷什是一头神奇的威尔士奶牛，身上有黑色和棕色斑点，只要有人需要牛奶，它就会出现。它将最大的桶装满牛奶后便会消失不见，有时会消失在湖里。格拉斯·加伊布纳赫是爱尔兰的传统灰母牛。如果母牛受到攻击、遭受任何冒犯，或者盛牛奶的桶漏了，它们就会消失，不再提供牛奶。

被施了魔法的奶牛和酸奶

在北欧传说中，牛奶是一种珍贵物质，经常被用作施展魔法的原料，这也是为什么经常会出现奶牛突然不产奶了，或者牛奶中出现血液，或者牛奶"变质"等问题。[9]女巫经常伪装成野兔，滥施魔法。为了防止女巫的罪恶行径，爱尔兰人会在五朔节那一天，把花楸木（或花楸）缠绕在牛奶桶周围，挂在牛棚门上，或者用报春花做一个花环挂在奶牛身上，他们还会把花环散放在奶房门前，让奶牛跨过门槛后踩花而过。在苏格兰，人们则会在牛尾上系上红丝带。

埃维·霍恩：北爱尔兰圣约翰教堂
彩色玻璃窗上的圣布里吉德画像。

其他精灵鬼神，如瑞典的精灵汤姆特和英格兰的小妖精罗宾·古德非罗，如果不给它们供奉白色的乳制品，它们就会在奶牛场捣乱，制造各种麻烦。宗教学者塞缪尔·哈森特于1603年写道：

> 若是不给妖精罗宾·古德非罗、奶场女精灵西塞供奉凝乳和奶油，第二天就会出现很多麻烦，不是肉汤煳了，就是奶酪不会凝固；不是黄油不成块，就是桶里的麦芽酒变得酸涩难喝。[10]

苏格兰传说中的棕精灵每晚都要喝一碗奶油或最好的牛奶，吃一块涂有蜂蜜的蛋糕——否则就会在农场捣乱。因此生活在设得兰群岛和苏格兰其他岛屿的居民常会将牛奶或啤酒从一块有洞的石头里倒进去，供奉棕精灵。[11]除了防止精灵捣乱和女巫乱施魔法以外，挤奶女工还会为奶牛们唱歌，以确保充足的产奶量。下面这首童谣最初是一种咒语，念给那些不产奶或被施了魔法的奶牛听：

> 悠哉奶牛，邦妮，不要吝啬你的乳汁，
>
> 我会奖励你一件金丝大衣；
>
> 金丝大衣再加一个银环，
>
> 只要你肯把乳汁捐。[12]

药　膳

除了精神方面的用途外，乳汁还有更为实际的用途。自古以来，体弱多病的人都将乳汁视为一种药物，长期饮用可以增强体质。普林尼写道，乳汁有44种药用价值，既可以用来抗毒，又可以抑制外部瘙痒，还可以当作眼药使用。他表示，驴奶的效果最佳（从医学角度来说），其次是牛奶，然后是羊奶。[13]驴奶在保健和治疗疾病方面的作用在历史上确实广受认可。据普林尼说，驴奶具有治疗痛风的功效。此外，古人通常都会让孩子们在吃饭前喝一些驴奶或羊奶——这是他们保持健康的秘诀之一。[14]

凯尔特人的许多药方中都提到,同种毛色奶牛的牛奶能够治愈肺结核。《费尔法克斯奥秘》(16世纪的一本家庭医学知识手册)中的一个"药方"是:

取5只菜园蜗牛,去壳,加入一夸脱红牛的鲜奶,烧开慢炖,至只剩一品脱半牛奶。时常饮之,连饮一天。[15]

再来到英国的斯图尔特时代。高贵的安妮·克利福德夫人曾记录过,她的祖先克利福德勋爵十二世,因为妻子过世而忧思成疾,后来吸食一个女人的母乳大约4周后,继而食用驴奶,几个月后便恢复了健康。[16]备受嘲讽的约翰·赫维男爵被作家亚历山大·蒲柏讽刺为"一块白色的驴奶凝乳"。[17]赫维男爵是一名信徒,每天都会喝少量驴乳,吃一块饼干,预防癫痫发作。

头号饮料
牛奶小史

一杯毒牛奶？在阿尔弗雷德·希区柯克所导演的《深闺疑云》中，牛奶成为焦点。

自1780年以来，每逢伦敦的"社交季"，人们就会将母驴拉到街上，直接向顾客出售鲜奶。伦敦历史上最悠久的公司是位于伦敦西区博尔索夫大街的道金斯公司（Dawkins），业务涉及向千家万户出租产奶的母驴，以及出口产奶的母驴，并会附赠饲养方法和挤奶说明。由于一头驴每天的产奶量大约只有两品脱，所以整个伦敦一天的驴奶供应量也就区区一桶而已（大约50头驴）。[18] 驴奶最受欢迎的时期，医生们称其为体虚者和肺结核患者的完美选择，如英国诗人伊丽莎白·芭蕾特·布朗宁，于1861年在佛罗伦萨死于肺结核，生前的一个月里，她全靠肉汤和驴奶维持生命。[19]

驴奶也适合婴儿食用。19世纪80年代的巴黎儿童福利院，普遍将驴奶作为儿童的食物。福利院负责人帕罗特医生描述了用驴奶哺乳婴儿的情况：

驴厩必须保持干净卫生、通风良好，与婴儿的住所相通。对待母驴需温柔有爱，这样婴儿吮吸驴奶的时候母驴就会很顺从。母驴的乳头大小与婴儿的嘴正好适宜，方便婴儿含住吮吸。在母驴右侧靠近后腿处放一个凳子，保育员坐在凳子上，左手托着孩子的头，让孩子平躺在她的膝盖上。右手不断按压母驴的乳房，促使乳汁流出，特别是婴儿比较虚弱时，保育员会辅助他吮吸。婴儿白天一般吃5次驴奶，晚上吃两次。一头驴的奶量够3个婴儿吃5个月。[20]

据说，这种哺乳婴儿的方式避免了储奶过程中存在的一系列问题，同时避免了致使许多儿童死亡的肠道疾病。

19世纪中后期，人们对"乳汁疗法"（或"羊奶疗法""马奶疗法""乳清疗法"）的崇拜热情不断高涨，尤其是俄国和德国的践行者们一直在欧洲的报纸上（针对体虚者和婴儿）宣传他们的疗法。但是《泰晤士报》上发表的一篇评论对这类"疗法"的效果提出了质疑：

畅饮驴奶，伦敦肯特镇，1760年前后。

头号饮料
牛奶小史

体虚的人来到德国寻求治疗，却发现这里的人竟然全都体虚……这个世界上能博得我们欢喜的骗子中，最纯真、最友好的就是我们所谓的"朋友"——水疗法、牛奶疗法、葡萄疗法、樱桃疗法和饥饿疗法。[21]

1909年，诺贝尔奖获得者梅契尼可夫教授发起了"酸奶疗法"的倡议，即"利用在保加利亚酸奶中发现的细菌（乳酸杆菌）根除肠道有害细菌，抑制这些细菌的增殖，就能保持身体健康并且充满活力"。[22]这有点类似现在的益生菌产品。于是，人们开始大规模生产酸奶，制造出了多样可口的产品。

如今，仍有人倡导"牛奶食疗法"，提倡至少喝3周牛奶（最好是生牛奶），但对人是否要卧床休息没有严格要求。据说这种方法能够治疗慢性病，适合体虚体弱之人，但不适合处于健康恢复期的成年患者——有一篇代表性文章的附文写道，这类饮食不适合急性疾病患者，尤其是发烧患者，此外只靠牛奶为食可能会产生一系列副作用，如便秘、恶心和呼吸不畅等。[23]不过，确实有人因为这种饮食习惯而健康长寿。2006年，厄瓜多尔的玛丽亚·艾斯特·德·卡波比亚因病去世，享年116岁，她成为世界上最长寿的女人——据说她生前长期坚持饮用驴奶，这或许是她保持长寿的秘诀之一。

其他功效

赫赫有名的埃及女王克里奥佩特拉钟情于用驴奶沐浴，保持容颜永驻，古罗马皇帝尼禄之妻波蓓娅沿用了这一传统。据普林尼称，波蓓娅所到之处，必会带着500头母驴（和小驴崽），这样随时可以用驴奶沐浴。"驴奶"使她的皮肤更加细腻有弹性，还有助于消除皱纹，保持皮肤白皙。普林尼写道，有些女性每天会用驴奶洗脸700次。[24]希腊和罗马妇女通常将驴奶添加到面霜中，夜间涂抹在脸上，"以修复时

1932年由塞西尔·B.戴米尔执导的电影
《罗宫春色》中波蓓娅用驴奶沐浴的
场景。

间造成的皮肤衰老"。[25]伊丽莎白时代，乳液和护肤霜中都添加了驴奶成分，具有消除皱纹，保持皮肤光滑的功效。[26]

除了改善人们的身体状况，乳汁还有一个神奇的功效。阿尔及利亚的穆阿斯凯尔酋长阿卜杜·卡迪尔于1832年描写了撒哈拉居民用骆驼奶喂马的情况：

骆驼奶具有提升人或动物奔跑速度的特殊属性。根据真实可靠的证据，有一个人在一段时间内只喝骆驼奶，结果便健步如飞，可与马匹飞奔的速度抗衡。[27]

虽然乳汁具有如此之多的功效，但是令人难以置信的是，它的"纯洁"和良好声誉却被玷污了，并且再难正名。

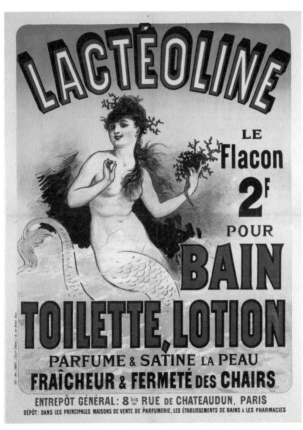

19世纪80年代的一则化妆品广告，突出了
牛奶的美容功效：含有乳酸菌素的乳液。

3

白色毒药

源自乡村牧场的牛奶，作为食物虽然清淡却有益健康。17世纪中期以后，西方世界（及其殖民地）比较富有的城市对牛奶的需求与日俱增，这究竟是由于人口的迅速增长，还是牛奶产量的增加（奶牛食用的饲料营养更丰富，奶牛的产奶量提高）刺激了牛奶市场的发展，人们各执一词。但有一点清晰明确，那就是人们对牛奶的需求虽然在不断上升，但远赶不上现代人对奶制品的需求。当时城市居民对牛奶的购买量很小，未成规模。此外，牛奶并非普通食品，价格偏高，通常在城市的奶场生产，或从附近的农村牧场输送而来。而且牛奶又是一种季节性产品，冬季的供应量最低。

英国牛奶消费水平的提高

在17世纪的英国，牛奶差不多完全取代了杏仁乳，用来制作富人餐桌上的布丁和甜点，而牛奶布丁几乎成了人们的日常主食。[1]人们食用牛奶的方式也是多种多样，如将牛奶与面包、西米、大米、燕麦、糖和香料混合，然后烘焙；或者在牛奶中加入面粉和香料制成牛奶浓汤（农民的米饭布丁）；或者将加了糖的牛奶倒入凝乳酶中制成乳酥（一种松软的布丁）；还可以在热牛奶中加入水果、葡萄酒或香料至起泡后制成奶油葡萄酒。此外，用加糖的热牛奶与葡萄酒或麦芽酒混合凝结而成的饮料——牛奶甜酒（possets），同样受人欢迎。

虽然牛奶中的乳清蛋白被认为是一种有益健康的物质，适合晨服，但是只有婴儿、老年人和体弱的人会喝鲜奶，健康的成年人一般不喝。伦敦有几家出售乳清蛋白的公司，如17世纪60年代塞缪尔·佩皮斯出资创立的"新交易"乳清蛋白公司（New Exchange）（乳清蛋白和凝乳已经让他的"肚子肥得一晃就会剧烈颤抖"[2]）。

17世纪末，人们开始在一些昂贵的新型热饮料中添加牛奶，如茶、咖啡和可可。一开始人们并没有在茶中添加牛奶的习惯，但是随着细瓷的问世，为了防止瓷器破裂，人们才开始将牛奶加入茶中。在咖啡和可可中添加牛奶或奶油以及糖可以减轻苦味。[3]

到了18世纪，由于圈地运动、作物歉收和物价上涨，穷人的生活状况日渐恶化，缺衣少食。19世纪20年代，英国政治活动家威廉·科贝特谈及自己在英国乡村的生活时说道，孩子们的日常饮食就是脱脂牛奶和面包，以及用牛奶制作的布丁和面包。他还承认："过去5年里，除了牛奶，而且还是脱脂牛奶，我再没有喝过其他什么东西了。"[4]

自1801年至1911年，英格兰和威尔士的人口增长了4倍，大量人口从农村迁入城市（80%的人口都成了

让·埃蒂安·利奥塔德:《茶具》，1783年。

头号饮料
牛奶小史

城镇居民，改变了过去由农村人口占主导的历史），牛奶也成了一种用于商业交易的商品和农业经济的支柱之一。[5]由于全脂牛奶的价格没有下降（19世纪许多食品的价格都有所下降），英国社会的许多阶层都买不起牛奶，特别是产自海峡群岛的超浓牛奶或体虚者和婴儿专用牛奶，它们的价格更高。

不过，只要有钱也能从伦敦市内买到卫生的新鲜牛奶，但这并非常态。有人会将牛牵到街上，送到人们的家门口售卖鲜奶。另外，圣詹姆斯公园每年夏天都有8头（冬天有4头）奶牛提供新鲜牛奶，市民们也可以去那里购买。内政大臣会给牛奶商贩颁发销售执照，排队去买新鲜牛奶的人有孩子和他们的保姆，最多的还是"年轻女性"。[6]1885年，伦敦废除了"牛奶交易会"。

但总的来说，19世纪在城市里售卖的牛奶根本称不上"纯净"。相反，牛奶是一种非常危险的食品，是导致当时人们发病率和死亡率上升的一个重要原因，特别

伦敦圣詹姆斯公园上午8点出售牛奶的场景，
1859年。牛奶商贩把奶牛拴在公园，挤出新
鲜牛奶，售卖给早上来公园散步的孩子和保
姆们。

头号饮料
牛奶小史

是19世纪下半叶，毒牛奶导致许多婴儿失去了生命。[7]

牛奶究竟出了什么问题？为了应对日益增长的牛奶需求，城市中也修建了牛棚和奶场，设立了牛奶配送网络，将变质的牛奶源源不断地输送到顾客手中。从公共卫生的角度来说，这是一种可悲的发展趋势。城市奶牛场的奶牛生活在拥挤、肮脏的牛棚中，患上各种疾病，产出的牛奶在运输过程中没有卫生保证，更没有冷藏措施。一位评论员发表评论，以这种方式生产出来的牛奶必然出现问题："奶牛与婴儿之间相隔几百英里，这对婴儿来说是一个严重的问题，因为牛奶经过长途运输已经变质，反而成了一种危险物质。"[8]

城市奶牛场：奶牛的生活条件

在美国和英国，有关城市中奶牛生活条件恶劣的报道比比皆是。例如，即使在伦敦的贵族教区内，也有许多奶牛场，1847年威斯敏斯特圣詹姆斯市就有14个牛棚。弗雷德里克·宾阁下这样描述其中两个牛棚：

> 两个牛棚前后相邻，相距不足一码……里面共饲养了40头奶牛，牛与牛之间的空间只有7英尺。牛棚中没有通风设备，没有天花板，只有瓦片搭建的屋顶，一股股氨气从屋顶钻出，对周围居民的身体健康造成伤害。除了奶牛以外，牛棚的另一端还放着一大罐谷物，旁边堆放着萝卜和干草，中间有一个容器，奶牛的液体排泄物流入其中，固体粪便堆积在一旁。[9]

奶牛的生活条件恶劣，不仅仅体现在没有新鲜空气、缺乏活动等方面，奶牛吃的饲料也是最廉价的。在伦敦和其他欧洲城市，奶牛吃的饲料（和饮用的水）都是直接从酿酒厂运来的泔水。泔水是将"醪液"（或含糖液体）中的水分排干后所剩的残渣——每年10月至次年5月是酿酒季，泔水充足且价格低廉，而且可以存放在大坑中。[10]

19世纪20年代，纽约和布鲁克林附近有许多牛棚，都建在酿酒厂附近，这样一来，冒着热气的泔水就可以通过木制排水沟直接排到奶牛的食槽中。奶牛每天大约会吃掉32加仑泔水。[11]到19世纪30年代，纽约市和布鲁克林的每个奶牛场中至少有2000头奶牛，总共约18000头奶牛几乎完全以啤酒厂或酿酒厂的泔水为食。[12]

虽然泔水提高了奶牛的产奶量，但奶牛的消化系统并不适合这种酸性大、无须反刍的发酵产品，尤其不适合吃热食。当城市饲养的奶牛主要或完全以泔水为食时，奶牛不出几个月便会患病。有报道称，这些奶牛病得很严重，尾巴腐烂脱落，皮肤长疮溃烂。[13]在这种条件下生活的奶牛产出的牛奶不仅营养价值低，而且还如威廉·科贝特于1821年所写的，牛奶中泛着一股牛饲料的味道："用泔水喂养奶牛，让我真切地品尝到了威士忌味的牛奶。"[14]

1842年，美国的罗伯特·米勒姆·哈特利发表了一篇名为《论牛奶的历史、科学和实践》的论文，文中他首次指出导致婴儿死亡率升高的原因是奶牛食用泔水。[15]他指责奶牛场用不健康的人造食物喂养奶牛的方法，导致奶牛身体瘦弱、发烧发热，最终患病，从而只能产出"不纯净、不健康、毫无营养"的牛奶。[16]他将这种牛奶称为"泔水牛奶"[17]，是一种"呈蓝色、如清水一般、平淡无味的分泌物"[18]。这还不够，商贩还会在牛奶中掺水、染色、添加防腐剂，然后再进行出售。他最后总结，许多疾病，尤其是儿童腹泻，就是喝了这种毒牛奶造成的。

掺假牛奶或"染色"牛奶

在奶制品供应链中，小店主和销售商为了提高利润，都会对牛奶进行脱脂处理（尤其是夏末牛奶供应量减少后的几个月中）。即牛奶挤出后，先静置12个小

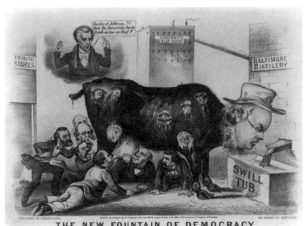

约翰·卡梅伦:《饥不择食哄抢泔水牛奶》,
1872年前后。用泔水牛奶和一头病牛暗讽
当时的政治。

时，然后去脂，再往脱脂牛奶中加水增加体积（行话称
"打碎"或"清洗"牛奶[19]）。

牛奶中掺的水大部分都是从"抽水机"（水泵）
中直接抽出来的，因此增加了牛奶受污染的可能性。
人们普遍认为，作为牛奶出售的液体中至少有1/4都是
水。[20]但是伦敦的亚瑟·希尔·哈索尔博士于1851年至
1854年进行了一项研究，他对城市奶牛场随机抽取的
26个牛奶样本进行分析后发现，其中11个样本的掺水
量在10%至50%。哈索尔博士得出结论，"掺假的牛奶
并不多"。[21]

但实际上，如哈特利那篇关于牛奶的文章所指，
商贩为了"增加"牛奶供应量，不仅仅只是往牛奶中掺
水。为了让牛奶的颜色更自然、口感更好或气味更香，
零售商还会在牛奶中添加各种添加剂。牛奶掺水后，
看上去就显得稀薄，呈淡蓝色，因此商贩会在牛奶中
添加面粉或淀粉使其变得浓稠，添加滑石粉使其看起
来颜色更白，或添加胭脂树橙色素使其看起来更"丝

滑"。还有的将煮熟的胡萝卜汁添加到牛奶中，让牛奶的味道更丰满、香甜；更有甚者，为了让牛奶看起来泡沫丰富，竟然会将动物脑髓加入牛奶中。[22]

古文物学家约翰·廷布斯在他的《伦敦珍品》中这样描述牛奶中的添加剂问题：

牛奶掺假现象如瘟疫一般肆虐。牛奶中常见的添加物有水、面粉、淀粉、滑石粉以及绵羊、公牛或奶牛的脑髓。通过显微镜检测，人们在牛奶中发现了动物脑组织中的脑神经血管，实际直径只有大约1/1500英寸。用温水将其融为乳状，再添加到牛奶中，或大量添加到奶油中。这是伦敦人从巴黎学来的卑鄙欺诈行为。在英国小说家斯摩莱特的时代（18世纪70年代早期），伦敦牛奶中充满滑石粉和水，人们将蜗牛打碎放进牛奶中形成泡沫。[23]我们这个时代的商贩在牛奶中主要添加的是糖浆、盐、白垩粉、铅糖、胭脂树橙色素、浆料等。铅糖的危害性最大，加入牛奶中后形成铅碳酸盐，悬浮在牛奶表面，只需放一

THE CITY MILK BUSINESS.

MARY, THE KITCHEN-MAID. "Why, John, what's the matter?"
MILKMAN. "Ah, Mary! if we don't have rain soon, I don't know what we'll do for Milk!"

一幅漫画，揭露牛奶掺假的普遍做法，1859年7月。图中文字如下：

厨房女佣玛丽说："约翰，你怎么看上去愁眉苦脸的？"

牛奶工说："哎，玛丽！我担心要是再不下雨，我们拿什么掺进牛奶里啊！"

点，就能让掺了大量水的牛奶呈现乳白色。此外，奶牛场里还有一个永不停歇的水泵，或"抽水机"，这样才能实现"牛奶"的供需平衡。[24]

英国政府连续几次试图通过立法禁止牛奶掺假行为，但均未达到目的，直到1901年英国的《牛奶销售条例》颁布后，牛奶掺假现象才有所减少。该条例规定，牛奶中的脂肪含量不得少于3%，其他固体物质不得少于8.5%。[25]然而，这个时期制定的政策并未对牛奶的品质或洁净度提出要求——其关注的重点只是如何防止顾客受骗，而非造成顾客健康受损的毒牛奶问题。

肮脏的毒牛奶

如前文所述，城市牛奶的生产环境肮脏污秽、空气污浊。生活条件恶劣的奶牛所产的"新鲜"牛奶从一开始就受到了污染（混杂着奶牛场的气味和奶牛饲料的味道）。此外，奶牛场漫天的灰尘、盛牛奶器具（如牛奶桶和搅拌器）上的污垢，都对牛奶造成了再次污染。改革者们呼吁净化城市奶场时，并没有展现出对牛奶卫生生产的关注——只是倡议通过许可证制度净化城市的有害工业。

伦敦当局于1853年开始提出的卫生要求，的确在改善牛棚条件方面取得了一定成效，但直到19世纪80年代中期，牛棚管理才开始正规化，达到了监管良好、干净卫生的要求。直到1873年，也就是哈特利呼吁停止生产"泔水牛奶"的30多年后，纽约才颁布禁令，禁止用酿酒厂的泔水喂养奶牛。

然而，城市牛奶生产商改造牛棚需要巨大成本，导致许多牛棚关门倒闭。于是，人们对产自农村的牛奶依赖程度更高，但产自农村的牛奶不受监管制度的约束。因此讽刺的是，与城市生产的牛奶相比，产自农村的牛奶受污染的可能性更大。1906年，一位卫生官员参观了伦敦郊外3英里外的牛棚，对其所见甚感厌恶：

> 走到牛棚中，他惊恐地发现，牛棚地面上的污秽堆积得至少有三四英寸厚，墙壁上溅满了牛粪，牛的身体和牛乳头的状况更是惨不忍睹。他实在难以忍受，就站到牛棚门口远远评估。[26]

由此可见，那些泛着泔水的酸味、混杂着污秽、感染着病毒的牛奶在城市市场上的比例实际上是增加了。[27]

1844年，人们开始通过火车将产自乡村的牛奶运送到曼彻斯特。1846年，牛奶可以被运送到伦敦。火车站有了"牛奶专用站台"，如圣潘克拉斯车站旁的苏默斯镇月台。19世纪六七十年代，用17加仑的奶桶盛装的牛奶的进口量迅速增长。然而，以这种方式运送的牛奶通常没有采取冷藏措施或适当的储存方式，牛奶从挤出后到运至下一站的时间长达24小时，污垢和灰尘很容易进入牛奶桶中，特别是在炎热的天气下，更容易滋生细菌。牛奶运送到城市，要先经过乳制品公司处理，之后再售卖给顾客。乳制品公司会对牛奶进行一番检测，闻闻气味是否变质，然后将其倒入一个装牛奶（来自数百种甚至数千种奶牛）的大缸中，过滤里面的污垢和泥土，冷却后倒入未经消毒的大桶中，之后便开始配送。

1899年，圣潘克拉斯车站对50份牛奶样本进行了一次微生物检验，结果显示只有32%的牛奶"达标"，这并不意外。在其余的样本中，6%是"污秽"的，16%微生物含量超标，12%白细胞（说明奶牛已经感染）含量超标，24%有脓液痕迹，10%含有结核杆菌（奶牛有结核病）。[28]

为了防止牛奶变质，19世纪70年代，人们发明了保存牛奶的化学防腐剂。然而这类物质非常危险，虽然能够延缓牛奶变酸的过程，但并不能杀死有害细

英格兰尤托克西特北斯塔福德郡铁路
上运输牛奶的火车，1925年。

菌。此外防腐剂对人体具有一定毒性,如"金伯利食品防腐剂"是大型奶场最常用的防腐剂,里面含有硼酸,对人体极为有害。因此,那些打算购买"新鲜"牛奶的顾客实际上购买的是放置了数天、有毒且富含细菌的牛奶。到了19世纪90年代,福尔马林也被添加到牛奶中,人们开始对"新鲜"牛奶根本不新鲜的欺客问题产生怀疑,却没有对牛奶的毒性产生怀疑。[29] 1906年,美国作家厄普顿·辛克莱在揭露芝加哥肉类加工质量一书中写道:"他们在拐角处购买的淡蓝色牛奶里被掺了水,还有防腐剂。"[30]

从许多层面来说,牛奶确实可以称得上是"白色毒药":由虚弱多病的奶牛在肮脏的奶场生产,里面掺水、掺假、添加有毒防腐剂,在运输和储存过程中不注重卫生,不采取冷藏措施。对于牛奶最终到达顾客手中的过程,1771年托比亚斯·斯摩莱特的描述可能应该算是最好的(或最糟糕的):

敞开的牛奶桶摆放在送奶车上，从街道两侧门窗中飘出的污渍，马路上行人的唾沫、鼻涕和烟灰，泥车上的泥土，马车车轮带起的飞溅物纷纷落入牛奶桶中，调皮的孩子们嬉闹着往牛奶桶里扔泥块和垃圾。给顾客打牛奶时，婴儿的口水不慎落进了锡制量杯中，商贩直接把量杯扔回牛奶中，给下一位顾客接着用。最后，顶着体面头衔的"牛奶女工"，穿着破烂肮脏的衣服，衣服上的虫子不断掉入上述所有物质与牛奶的"珍贵"混合物中。[31]

将牛奶送到顾客手中是女人的工作，她们的工作方式一直没有什么变化。1868年，阿瑟·蒙比描述了一名在伦敦海德公园广场工作的挤奶女工。她将牛奶（共约48夸脱）装进两个牛奶桶中，桶上分别有一根吊带挂在一根木制扁担上，扁担上写着她的"主人"，即奶牛场老板的名字。女工用肩膀将牛奶桶挑起来。她随身携带了许多大小不一的金属罐，装满牛奶后，就放在顾客家门口。早晨6点钟，女佣们还没有起床，各家各户

伦敦西姆乳品厂的一位干净卫生的
挤奶女工，1864年。

都还没有开门，牛奶女工就开始了一天的工作：

她把牛奶桶放在灯柱旁，拿出一个小罐子装满牛奶，顾不上卸掉肩上的扁担，吊带挂在胸前，匆匆沿着街道走去，铁靴发出响亮的声音……她的口袋里还装着一卷粗绳子，末端有一个钩子。到了顾客家门口，她把绳子掏出来挂在小罐子上，迅速松开绳子，熟练地把牛奶罐送到栏杆里面，放在固定区域，然后取出钩子，拉回绳子，留下罐子。[32]

一天的工作结束前，牛奶女工会把所有空牛奶罐收回来送回奶场。如果顾客收到牛奶不进行冷藏或良好储存，牛奶会进一步变质。

牛奶与婴儿死亡率

牛奶行业不稳定，这一点不足为奇，纵然许多疾病实际上并不是因牛奶而起，但是它的种种污名依然存在。整个19世纪，腹泻病是导致婴儿死亡的最大杀手，夏季的发病率最高（因此这种病也被称为"夏季腹泻"）。人们认为，伦敦和美国婴儿死亡率上升的部分原因就是婴儿饮用了受污染的牛奶，尤其是在19世纪90年代。[33]

这也是当时的人们所面临的一个重大社会问题。据1874年的《纽约时报》报道："生活在大城市的居民普遍食用牛奶，因此人们认为牛奶的质量和纯净度在很大程度上决定了人们的身体健康状况。就婴儿死亡率而言，牛奶不纯净的危险性绝非夸大其词。"[34] 1900年美国人口普查的统计数据证实了这一说法：在纽约市，1000名一岁以下的婴儿中就有189.4人死于肠道疾病和腹泻，而用牛奶喂养婴儿是人们所总结出的致病原因之一。[35]

那么为什么接触受污染牛奶的群体主要是婴儿呢？1840年至1920年，西方国家掀起了一股从母乳喂

盖尔·威廉姆斯:《"看来要和这个小家伙来一场硬仗了"》,1910年前后。

养转向"奶瓶喂养"的潮流，即用相对便宜的牛奶、婴儿配方奶粉和炼乳取代母乳喂养婴儿。据《自然的完美食物：牛奶如何成为美国人的饮料》一书的作者分析，从19世纪40年代开始，母乳喂养减少的原因如下：就工薪阶层的妇女而言，要么是因为食物短缺导致奶量不足，要么就是需要离家工作；就中产阶级和上层阶级的女性而言，是受到社会习俗的约束而采取奶瓶喂养婴儿的方式。事实上，在传统的妇女生活区，母乳喂养是十分普遍的，但是当女性从原来的生活区迁移到城市时，也就脱离了原来的生活方式。[36]

母乳替代品

到了19世纪中叶，牛奶已经成了婴儿的常规食物。当时人们对牛奶的化学成分已经有所了解，很明显牛奶的脂肪和蛋白质含量比母乳高，但含糖量比母乳低。[37]因此，为了便于婴儿消化，人们建议母亲们在进行奶瓶喂养时在牛奶中添加"乳糖"：

> 将牛奶用水稀释，再添加适量乳糖，就与母乳十分
> 相似……如果从孩子出生起就开始用奶瓶喂养，那么从
> 一开始就要在牛奶中添加乳糖。配方：在3/4品脱的沸水
> 中加入一盎司乳糖，再根据要求加入等量新鲜牛奶。必
> 须注意保持奶瓶等用品的绝对清洁。[38]

因此，牛奶逐渐成为母乳的替代品。而这些牛奶
如果源自城市供应链，通常都是受到污染的牛奶。除了
牛奶，母亲们还会选择其他"乳制品"，常见的有罐装
炼乳和婴儿配方奶粉，只可惜这些食物也没有起到改
善婴儿身体健康状况的作用。

并不是每个母亲都能买得起新鲜牛奶（有的连廉
价的掺水牛奶都买不起），许多工薪阶层家庭只得购
买价格更廉价的"浓缩"罐装牛奶。19世纪70年代，
这种奶制品开始进行商业化生产。1851年，盖尔·波登

（炼乳创始人）在一次跨大西洋旅行中发现牛棚中的奶牛病恹恹的，在目睹了几个孩子因喝了受污染的牛奶而死亡之后，萌生了生产一种便携式、无菌罐装牛奶产品的想法。1856年，波登最终获得了炼乳产品的专利（此前连续3年被拒）。炼乳是将新鲜牛奶放入密封的真空大锅中低温煮沸，蒸发掉其中65%的水分后生成的产物，装入密封罐中保存不会变质。[39]

波登开设了几家小型加工厂，但销售情况不容乐观：消费者已经习惯了稀薄的流质牛奶以及添加人工色素后的颜色——这种产品并未博得消费者的喜爱。然而，波登并没有气馁，他找到了资金支持，并于1858年与他人合伙成立了纽约炼乳公司（New York Condensed Milk Company）。

对波登来说，幸运的是，《莱斯利画报周刊》上曾刊登了一则关于他所生产的炼乳的广告，而在同一期周刊中还刊登了披露"酒渣牛奶"和"泔水牛奶"以及牛奶掺假的新闻，这为他们所生产的干净卫生（又低廉)的炼乳产品作了宣传,从而让他们有了稳定市场。1861年,美国内战期间,美国政府为联合军订购了500磅炼乳,作为野战配给——联合军将士爱喝咖啡,通常将炼乳加入咖啡中饮用。随着战事冲突愈演愈烈,炼乳的订单增加,为了满足供需,波登只得授权其他制造商生产炼乳。战后,为了区别于其他新的竞争对手,波登选用美国秃鹰作为产品商标,创建了鹰牌(Eagle Brand)炼乳。[40]

不久,世界各地开始生产炼乳,尤其是瑞士[41]和美国威斯康星州,两地的牛奶产量大,新鲜牛奶供大于求。有一种炼乳是用蔗糖作为甜味剂,蔗糖不仅能抑制细菌生长,起到防腐剂的作用,还能使炼乳的口感更加细腻可口。到19世纪80年代,全脂加糖炼乳的销量超过了使用脱脂牛奶加工的炼乳销量,这种炼乳使用的原料来自黄油厂的脱脂牛奶。商家们采用铺天盖地的广告让母亲们相信,用稀释的炼乳(通常水和炼乳的配比为12∶1)喂养婴儿具有种种好处。[42]在1892年

鹰牌炼乳的广告代言人，一个胖乎乎的
健康小婴儿，1883年。

头号饮料
牛奶小史

的伦敦，伦敦人各种炼乳的摄入量占了乳制品总摄入量的11.6%。

然而，到了19世纪80年代末90年代初，人们清楚地认识到，婴儿和幼儿以炼乳为主要食物，严重影响了他们的身体健康。尽管这种牛奶经过了无菌处理，但是脱脂牛奶中的脂肪、蛋白质和维生素A、C和D的含量低，缺乏婴儿生长所需的营养物质。据说，以这类牛奶为食的婴儿易患上佝偻病和坏血病以及其他因营养不良引起的疾病（其实事实并非如此）。加糖炼乳含糖量过高，易导致肠道胀气，引发疝气。

美国和英国的公众都表达了对使用或滥用炼乳的担忧。1894年，伦敦食品掺假问题特别委员会收集并讨论了相关证据，不久之后，强制要求此类牛奶产品贴上"婴儿或幼儿不宜食用"的标签。[43]然而，虽然需在包装上贴上警告，但制造商们仍在马不停蹄地推广他们的产品。1924年，波登公司（The Borden Company）发表了一篇名为《营养与健康》的报道，介绍了一种稀释鹰牌炼乳的配方，并称用这种配方制成的饮品将替代鲜牛奶，成为学生们课间休息时的饮品。[44]

炼乳中不仅缺乏婴儿所需的营养物质，而且苍蝇经常会落在打开后的炼乳罐上，导致婴儿频繁患病（主要是腹泻）。就婴儿食品而言，与稀释的炼乳"旗鼓相当"的另一产品是配方奶粉——以牛奶为原料，可用水溶解稀释，也可用牛奶稀释。19世纪，脱脂牛奶的产量严重过剩（当时低脂牛奶没有市场）。脱脂牛奶生产商最终想出了一种可以与炼乳及罐装奶竞争的产品，不仅能够节省包装成本，而且保存时间更长。这种产品就是奶粉。

奶粉逐渐成了婴儿配方奶粉的代名词。1867年，两家制造商争相宣布发明了婴儿配方奶粉："李氏可溶性婴儿代餐"是一种与稀释牛奶混合的配方奶，与母乳"完全"匹配；而亨利·内斯特（Henri Nestlé）发明了一种以奶粉和麦芽为配料的婴儿配方奶粉——"雀巢乳制品"（最初叫作"雀巢婴儿营养麦片粥"），加水稀释即可食用。与李氏产品相比，雀巢产品的市场规模更大，因为雀巢公司成功地用麦片粥养大了一个不肯吃母乳的早产儿。

随后，市面上的婴儿配方奶粉接踵而至，并在各类女性杂志上大力推销，不仅母亲们相信了配方奶粉的好处，就连医生们也开始极力推荐。1908年，英国的公司推出了一款新式婴儿奶粉——"牛栏纯英式奶粉"。"妈妈们，想让你的孩子健康成长吗？"以及"宝宝们都爱它！"这是第一次世界大战爆发时，人们耳熟能详的广告词。[45] 这种婴儿配方奶粉被运往世界各地进行销售，主要销往经济欠发达国家。

然而，虽然配方奶粉的消费量不断增加，但是婴儿的死亡率并没有显著下降。社会中的贫穷阶层只能买得起炼乳和婴儿配方奶粉，而他们也很有可能使用了受污染的水（或牛奶）稀释奶粉，甚至为了节省资金，稀释时没有按照产品说明中要求的配比进行稀释。无论是从营养的角度还是卫生的角度，在哺乳婴

雀巢的儿童营养食品广告，成分有牛奶、
小麦粉和糖，1895年前后。

儿方面，任何形式的牛奶都比不上母乳。此外，人们反对婴儿配方奶粉的呼声日渐高涨。1939年，西塞莉·威廉姆斯博士在新加坡发表了题为《牛奶与谋杀》的演讲，概述了使用劣质母乳替代品喂养婴儿的种种危险，她在新加坡见证了母乳替代品所造成的危害：

> 如果你和我一样，日日目睹人们用这种不正确的喂养方式屠杀无辜的婴儿，那么我相信你一定会像我一样愤怒，那些对婴儿喂养方式具有误导性的宣传应该被视为最严重的煽动罪，应该要进行严厉惩罚，那些无辜婴儿都是被谋杀的。[46]

当牛奶被贴上"白色毒药"的标签后，人类社会是如何解决了这个问题，并让这种液体成为20世纪中叶西方国家的头号饮料的呢？牛奶必须经历一场变革，卫生生产、热处理、营养科学和营销方法发挥了神奇作用。

Milk
A GLOBAL HISTORY

4

成为头号饮料

19世纪60年代,健康专家和改革者们致力于探索方案,以期解决婴儿死亡率不断上升的问题,以及研究婴儿死亡率与肮脏牛奶之间是否存在联系的问题。人们把与牛奶相关的问题统称为"牛奶问题",至于问题的答案或解决方案,其实就是净化向市民供应的牛奶,然而如何做到这一点,人们意见不一,众说纷纭。

"牛奶问题"及解决方案

在牛奶供应量不足、价格昂贵的背景下,问题的主要根源便在于人们很难买到牛奶。能买到牛奶的家庭通常都是富裕家庭,但即使他们能买到牛奶,也很有可能是已经变质、掺假或充满细菌的牛奶,因为在奶牛与消费者之间的漫长产业链中，牛奶一直是各类细菌的温床，尤其是引发肺结核的细菌的天堂。[1]然而，由于正在兴起的营养学指出牛奶中含有丰富的重要营养物质——特别是有益于骨骼健康生长的钙元素和磷元素，这对于消费者来说能够以最低的成本获得最丰富的营养，因此公共卫生部门提倡将牛奶作为儿童的主食，鼓励成年人积极食用牛奶。美国健康专家M.J.罗西瑙于1912年说："牛奶问题已经成为头等重要的问题，值得我们认真思考和关注。"[2]

针对牛奶问题，美国的改革者们提出了两个解决方案，主要集中在牛奶生产过程的两端：前者提出净化牛奶生产（以预防为主）；而后者则提议消灭生奶中的所有病原体（以应对为主）。罗西瑙的理想解决方案是将两者相结合："若要保证牛奶纯净卫生，我们需要对牛奶生产进行监督检查。若要保证牛奶安全无菌，我们需要对牛奶进行加热杀菌……因此，只有监督检查和杀菌处理才是解决牛奶问题的办法，也是最令人

杰勒德·大卫:《圣母子与牛奶汤》, 约1515年。

满意的办法。"[3]然而，由于缺乏官方的统一要求，因此从19世纪90年代到20世纪初，美国对纯净乳品进行监督"认证"和对乳品进行"加热杀菌"两种方式同时并存。

关于细菌

牛奶问题的主要症结在于牛奶中存在细菌。1857年，英国彭里斯市医疗卫生官员迈克尔·泰勒医生指出，伤寒的大规模暴发就是人类食用了受感染的牛奶所致，这时人们才充分认识到牛奶能够将疾病和病毒传染给人类。1867年，他还追踪到流行病猩红热（烂喉痧）的病源，是一名牧牛人的孩子受感染后开始传播的。[4]微生物学家路易斯·巴斯德在19世纪60年代早期所做的研究表明，特定的微生物能够引发特定疾病。人们普遍认为牛奶可能会传播疾病，尤其是肺结核、伤寒、猩红热、白喉和化脓性咽喉炎。[5]虽然事后来看，我们仍然无法判断生奶是否真的是这一时期导致婴儿死亡的始作俑者，但公共卫生部门显然已经认定牛奶就是罪魁祸首之一。牛奶似乎是细菌的最佳载体。正如罗西瑙所说："细菌喜欢牛奶，就像婴儿喜爱乳汁一样，细菌对牛奶也是情有独钟。牛奶是细菌的温床，能够滋养细菌生长。细菌在牛奶中的生长速度快得惊人，因此危险性极大。"[6]

监督检查　提前预防

新泽西州儿科医生亨利·L.科伊特发现他给儿子购买的牛奶是由一名奶牛场工人配送的，而这位工人与3名确诊患有白喉的病人接触过，于是他开始研究如何才能为他的病人提供纯净卫生的牛奶的方法。科伊特非常关注牛奶问题，率先发起了牛奶生产"认证"运动，呼吁对奶牛场进行监督检查，确保生产出来的牛奶干净卫生，适合婴儿和体弱多病者食用。

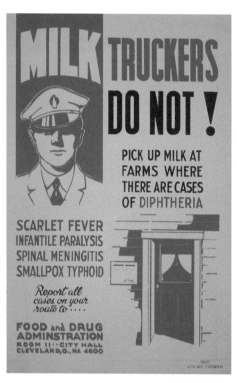

俄亥俄州发布的一张宣传海报, 鼓励卡车司机向食品和
药物管理局举报供应过程中潜在的各类传染病, 以防止
污染牛奶, 20世纪30年代末。图中文字如下:
卡车司机们, 请注意! 切勿从出现过白喉病例的农场中
输送牛奶! 运输途中如遇病例, 请主动举报……

头号饮料
牛奶小史

他制定的检查标准首先从奶牛开始，要求奶牛必须健康，无牛结核病。牛奶传播的所有传染病中，肺结核是对人类健康威胁最大的疾病。牛结核病是一种在牛之间传染的结核病，然而，从1907年至1914年，英国皇家结核病委员会（以及其他国家的结核病委员会）最终证明，牛结核病菌株可以通过牛奶传染给人类。美国的研究进一步表明，5%至7%的人类结核病都是牛类芽孢杆菌引发的。这种细菌可以直接通过牲畜乳房、咳出的气体、排出的粪便进入牛奶中，也可以在牛奶汇集池中相互感染。总的来说，1906年至1910年，全美国城市供应的牛奶中有8.3%的牛奶都含有结核杆菌[7]——传播之广，不得不令人担忧。

新兴细菌科学中有一种试验，称为结核菌素试验，能够检测出牛的体内是否存在结核菌素。给牛注射一定剂量的结核菌素（对正常牛无害，但患有结核病的牛会对此产生反应），大约10小时后观察牛的体温变化。如果注射部位周围的体温升高或出现肿胀，就需要将这样的奶牛隔离6周后，再次向其注射结核菌素，剂量比原来增加一倍，之后进行检测观察。虽然对于预防结核病而言，这是一大进步，但也有一种观点认为，如果给孩子（尤其是儿童）提供无结核菌素的牛奶，他们就无法通过牛奶中的芽孢杆菌逐渐增强结核病免疫能力。

除了监督检查奶牛的健康以外，科伊特还要求奶牛的产奶过程、奶牛的生活条件和牛奶的储存情况都应该符合清洁和卫生标准。生产出来的牛奶也要定期进行化学成分检测和细菌数检测。

细菌数检测也是一种监控牛奶中细菌情况的方法，能够检测出每立方厘米牛奶中细菌的含量。有了这种方法，人们能清楚地掌握挤奶过程中的清洁度、奶牛的生活条件、牛奶的储存温度和牛奶的储存时长等相关数据。这在当时是确定牛奶整体质量和等级的最简单、成本最低的方法。然而，由于这种方法是在实验室中进行的，不仅过程漫长，而且仅从储奶缸中抽取

费城牛奶展会的教育海报，展示纯净牛奶
与肮脏牛奶的生产过程对比图，1911年。

的一个样本进行检测，很难确定细菌数高的奶源。

科伊特的"认证"标准规定每立方厘米牛奶中不超过一万个细菌，这个数字看似高得离谱，但实际上其中还包括"有益"细菌，即牛奶中天然形成的细菌。此外，他还要求盛装牛奶的瓶子必须是全新的玻璃奶瓶，即1884年由纽约的赫维·D. 撒切尔医生发明的玻璃奶瓶。这种奶瓶的盖子是一个瓷阀盘，由金属丝固定，可防止牛奶受污染以及人为掺假。

通过积极的宣传活动，科伊特在新泽西州成立了医用牛奶委员会，并于1894年推出了第一瓶官方"认证牛奶"。改革者开始在多个城市推行牛奶认证运动，要求生产商们自愿进行认证，或者由政府监管以及立法强制认证。1906年是牛奶认证运动的顶峰时期，仅美国就有36个牛奶委员会负责对奶牛场进行监督检查，并对牛奶进行细菌数检测。然而，由于整个过程需要花费大量人力成本，因此经过认证的牛奶价格是普通牛奶的2到4倍，超出了大多数美国人的购买

撒切尔发明的牛奶瓶，能防止人为掺假和污染。

美国乳业中最先进的巴氏杀菌设备, 约1910年。

能力。即使在牛奶认证运动的顶峰时期，在美国主要城市销售的牛奶中，也只有0.5%到1%的牛奶经过了认证。[8]此外，即使经过认证的牛奶也不能保证其绝对安全。

还有一种级别的"检验"牛奶，即要求每立方厘米牛奶中的细菌数介于5万至10万（标准因州而异），保证（但并非始终确保）牛奶经过结核菌素试验。这类牛奶比"认证牛奶"价格稍低，但同样不能确保牛奶完全纯净卫生。然而，倡导加热灭菌法（也称巴氏杀菌法）的改革者宣称这种方法能够确保牛奶安全，因为在加热牛奶的过程中，能够杀死结核杆菌和其他难以发现的有害细菌。与预防细菌滋生不同，巴氏杀菌法的目的主要是净化生奶。

巴氏杀菌

1886年，当人们确定牛奶是疾病的传播媒介时，化学家弗兰兹·里特·冯·索格利特对路易斯·巴斯德应用于葡萄酒和啤酒中的巴氏杀菌法进一步进行了研究，他发现将牛奶加热到特定温度就能消除其中的微生物。他的方法很快得到应用，第一种系统性的巴氏杀菌法称为批量或低温巴氏杀菌法，即将牛奶装进一个大罐中加热到145ºF，持续30分钟。但这种方法只能进行小规模的热处理。随后，瞬时或高温瞬时巴氏杀菌法（HTST）成了行业使用的杀菌标准（一直沿用至今）。瞬时杀菌法需要迅速将牛奶加热到161ºF，持续15秒，然后快速冷却。这种方法适用于商业生产规模的牛奶杀菌过程。

　　1892年，从纽约商人转型的慈善家内森·斯特劳斯在纽约建立了巴氏杀菌牛奶实验室，并于1893年6月开设了一家牛奶服务站，为该市的贫困母亲提供免费牛奶，防止她们的孩子感染"夏季腹泻"。第二年，他又在全市开设了3个服务站。他认为，巴氏杀菌法不仅能够杀死牛奶中的所有病原体，而且不会改变牛奶的口感以及其中的营养物质，与之前人们使用的消毒方法完全不同。[9]以前人们使用的消毒法是将牛奶煮沸或煮至滚烫，反复3次，不仅改变了牛奶的味道，同时消灭了牛奶中的营养物质，使之更不易被消化。这也是一个漫长而复杂的过程，到了19世纪90年代末，美国人基本就不再使用这种消毒法了。

斯特劳斯成为巴氏杀菌法的主要倡导者，到了1916年，他的牛奶服务站已经分发了大约4300万瓶巴氏杀菌牛奶，每年他需要补贴超过10万美元。[10]他要求对所有牛奶进行强制性巴氏杀菌，"认证牛奶"也不例外。巴氏杀菌法不仅经济实惠（相比于昂贵的"认证牛奶"），而且实用快捷，能通过先进技术保证所有牛奶的安全卫生。其他社会团体，如妇女市政联盟和医学科学院，纷纷表示支持他对纽约供应的牛奶进行巴氏杀菌。其他国家也开始效仿这一做法，向穷人定量提供经过热处理的牛奶，比如法国的"滴滴牛奶"（*gouttes de lait*）组织。

让·杰弗里:《在瓦里奥特医生的门诊看病》，1901年。

纽约州一家大型乳品店内，工人正将牛奶瓶
从冒着热气的消毒器中取出，1910年前后。

然而，人们对巴氏杀菌法也有一定担忧。许多医生和社会改革者认为，巴氏杀菌法会破坏或减少牛奶中的营养成分，同时有可能致使一些"肮脏"的牛奶蒙混过关，成为"干净"牛奶，因此偏离生产纯净牛奶的初衷。还有人声称，加热牛奶会使牛奶"失去活力"，或杀死牛奶的"生命"。[11]

　　19世纪90年代到20世纪初，牛奶"认证"运动和巴氏杀菌运动能够相对和平地共存，是因为生产纯净牛奶的发展方向受到了人们的拥护。尽管生奶倡导者的呼声依旧很高，但到了20世纪40年代，除"认证牛奶"外，美国售卖的牛奶都必须强制进行巴氏杀菌，这条规定也被写进了美国大多数州和市的法律之中。这主要是由于人们担心牛奶会将牛结核病传染给人类，同时巴氏杀菌法也已应用到了商业规模化生产当中。1908年，芝加哥率先强制实行巴氏杀菌法；1912年1月1日，纽约市紧随其后，并从7个州的44000个农场中收购了200万夸脱牛奶。[12]

英国牛奶问题的解决方案

英国解决牛奶问题的速度显然比较缓慢，直到1912年，如果用纽约市的评判标准，英国牛奶基本都属于不适合人类食用的非法产品。[13]事实上，英国在这方面也落后于其他欧洲国家，如法国、德国和丹麦。对于大多数英国人来说，生奶仍然存在巨大危险，直到第一次世界大战之后，即20世纪20年代后情况才有所改观。[14]

英国乳业停滞不前的僵局并非改革者漠视不管造成的。一系列组织，如1915年威尔弗雷德·巴克利创立的全国牛奶卫生协会，开始呼吁人们不能只考虑牛奶是否廉价，而要注重牛奶是否营养健康、是否携带病菌：

英国的母亲们有权为自己的孩子准备安全卫生的牛奶，政府必须为之负责，不仅要解决人民的住房问题，还要确保儿童食品的合理生产和正确处理，保证孩子们喝的牛奶安全卫生。[15]

　　一位牛奶历史学家认为，英国对巴氏杀菌法接受缓慢是因为英国的奶农群体太强大，他们强烈反对强制巴氏杀菌，主要是成本问题，另外还因为他们讨厌"无知的、爱管闲事的"城市人对他们的工作指手画脚，他们认为城里人"对农业问题，尤其是如何养牛一无所知"。[16]由于农民的政治游说再加上第一次世界大战的影响，英国乳品安全的相关立法提议均遭搁置。直到1922年，英国才颁布了《乳品（特别标识）法令》，并于1923年颁布了《修正令》。但是这项法令并没有对乳品强制要求巴氏杀菌处理，而是引入了一套乳品生产分级体系：经检测奶牛未携带结核菌素并且在农场进行瓶装和密封的牛奶（认证级）；经检测奶牛未携带结核菌素的牛奶（A级）；经检测奶牛未携带结核菌素，同时牛奶在运送过程中，用经检测无结核菌素的奶桶密封运输的牛奶［A（TT）级］；经过巴氏杀菌的牛奶（巴氏杀菌级）。带有这些等级标志的牛奶都比生奶昂贵，而且整个等级体系相当混乱。

许多大型乳品公司决定采用巴氏杀菌法，因为消费者更信任巴氏杀菌法，对此类牛奶的需求不断增加。然而成千上万的小型生产商根本不会花费成本进行巴氏杀菌或等级认证，因为牛奶经销商往往会将从几十个农场收购的牛奶混合在一起，也就无所谓等级了，也正因如此，少量受污染的牛奶可能会污染整批牛奶。由牛奶传播的传染病，尤其是牛结核病，在20世纪30年代初仍然是一个重大隐患，英国约有2000名婴儿死于肺结核感染。[17]因此，只有通过人民健康联盟（PLH）等改革机构的共同努力，政府才会考虑对乳品强制实行巴氏杀菌。人民健康联盟尤其担忧当时公立小学正在推行学生牛奶补助计划，这意味着会将儿童置于肺结核和其他"奶媒疾病"的危险之中。[18]医学专家也起到了推动强制实施牛奶巴氏杀菌的积极作用，他们通过研究表明，加热不会导致牛奶中的维生素（维生素C除外，但生奶中的维生素含量本就少，与是否加热无关）流失，推翻了人们认为经过巴氏杀菌的牛奶会失去营养的观点。

第二次世界大战后，国民开始将健康视为头等大事，农民生产的牛奶也出现过剩局面。在这一背景下，1949年5月颁布的《乳品（特别标识）法案》规定将强制巴氏杀菌作为所有乳品的标准处理方法。相比之下，1912年美国的牛奶中就已经有50%的牛奶经过巴氏杀菌处理，而到了20世纪30年代这一数据已经高达95%，由此可见，英国在食品安全方面的监管力度较弱。[19]

牛奶供应有了卫生保证，英国政府便可以将牛奶作为其福利政策的一个基石了。根据营养科学观点，牛奶是最便宜的营养食物。于是英国政府设定目标，提高婴儿、儿童和成人对牛奶的消费量，以培育新一代健康的牛奶饮用者。保证孩子饮用牛奶最有效的途径就是扩大学校补贴牛奶的范围，从逻辑上说也是"福利牛奶"（对贫困家庭中的婴儿提供免费牛奶）的延续。

学生牛奶

自20世纪20年代始，英国针对小学生实行了一定程度的牛奶补贴政策，牛奶（主要是经过热处理的牛奶）成了一种"营养丰富且均衡的食物，有助于儿童的成长，不再单纯是为穷人和饥饿者补贴的食物"。[20]

1926年，英国医学研究委员会的哈罗德·科里·曼表示，儿童福利院的男孩们（在良好的饮食基础上）额外补充了牛奶后，体重和身高都有所增加。继这项研究之后，阿伯丁罗维特研究所的约翰·博伊德·奥尔在1928年的《柳叶刀》杂志上发表了一篇文章，通过对1400名5至14岁的儿童进行研究表明，孩子们喝了牛奶后体重和身高都增加了20%，身体状况有一定改善。[21]

最初发起学校补贴牛奶计划的人并不是政府，而

伦敦兰贝斯的一所小学里孩子们正在
喝热牛奶，1929年。

头号饮料
牛奶小史

是全国牛奶广告委员会（NMPC）——一个由奶农和牛奶加工商资助的绅士团体，极富魄力。他们成立委员会的目的是宣传和捍卫牛奶的形象。1927年，该委员会制订了第一个学生牛奶计划（MISS），以一便士的标准零售价为每个学生提供1/3品脱的牛奶。到了1934年，英格兰和威尔士有100多万儿童因为该计划享受了补贴牛奶，每年总计900万加仑。[22]

然而，之后由于牛奶生产过剩，加上从国外进口的黄油和奶酪价格低廉，乳品行业出现了潜在的危机。于是政府决定由一个政府机构，即新成立的英格兰和威尔士牛奶营销委员会（MMB）接管学生牛奶计划项目，以创建一个学生牛奶供应的官方系统（旨在扩大牛奶销售）。[23]

一开始，重启的学生牛奶计划开展得并不顺利——家长们必须花半便士（其余的则由政府补贴）购买1/3品脱牛奶。到1938年，这个计划只覆盖了55.6%的公立小学学生。[24]原因可能是有的父母不愿花钱，或者父母认为喝不喝牛奶无所谓，也可能是因为孩子们根本就不喜欢喝牛奶。直到1940年第二次世界大战期间，新成立的英国食品部接管了学生牛奶计划，负责向学校定量供应牛奶。到了1960年，牛奶营销委员会再次接管学生牛奶计划后，英格兰和威尔士有82%的儿童都获得了免费牛奶，小学有93.4%、中学有66.2%的学生享受到了免费牛奶的政策。[25]

除了向学校供应牛奶以外，牛奶营销委员会还致力于向成年人推广牛奶。有了营养科学的支持和政府的资助，牛奶营销委员会通过宣传活动将牛奶包装成一种美味又重要的食品和饮料。提高牛奶消费对国民健康至关重要——苏格兰牛奶营销委员会主席于1936年在格拉斯哥市第一家牛奶吧开业时说：

目前，我们国家面临的不再是和平与战争的问题，而是如何提高国民的营养问题，根据营养科学的研究，我们绝对有必要把促进全民液体牛奶的消费作为英国公共事务的工作重心。[26]

但是若要改变自19世纪以来人们对牛奶一直持有的态度，将是一项艰巨的任务。

牛奶的广告宣传

只需看看19世纪60年代比顿夫人对牛奶的观点，就基本能了解当时的人们对牛奶的整体认识，人们普遍认为牛奶只是婴儿和病弱者的理想食物（只要他们能消化）：

牛奶清淡细腻，适合大多数瘦弱体虚、精神压力大的人。尤其对那些饱受情绪困扰，或者喝了太多热茶或热咖啡而胃部不适的人。[27]

一直到20世纪初，人们依然对牛奶秉承着这种刻板保守的认识，各种营养学研究也表明，只有青少年、病弱者和老年人才适合饮用牛奶，而健康的成年人只需要把牛奶加入热饮或者制成牛奶布丁食用。[28]

在牛奶营销委员会负责牛奶推广之前，自1922年起，全国牛奶广告委员会（提出"学生牛奶计划"的委员会）一直负责推销牛奶的工作。1924年，英国随处可见他们的宣传口号——多喝牛奶。牛奶广告不仅针对儿童，还针对年轻女性：每天一杯牛奶，青春永驻，健康美丽；还有工厂的工人：休息时喝一杯牛奶，帮你恢复体力，保持精力充沛。[29]

20世纪30年代中后期，伦敦的牛奶吧如雨后春笋般层出不穷，比较知名的是一家名为"黑白牛奶吧"的澳大利亚连锁店。这些牛奶吧的出现推动了牛奶的广告宣传。牛奶吧采用美国进口材料装修店面，闪烁着铬和木胶的光芒。店内主要供应牛奶、奶昔、牛奶鸡尾酒（如"私酒商的潘趣酒""女神之梦"和"黑莓鸡尾酒"[30]）和冰激凌饮料，这些饮品的主要功能是帮助人

头号饮料
牛奶小史

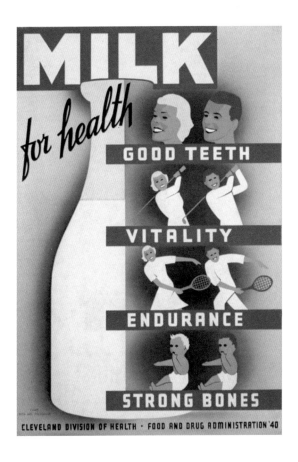

"为了健康，多喝牛奶"，1940年。

"喝牛奶，滋润一夏"，1940年。

头号饮料
牛奶小史

们恢复活力，而且有助于人们节制饮酒。

虽然第二次世界大战的爆发阻碍了牛奶吧的兴起，但牛奶吧促使着青少年和成年人将牛奶作为酒饮料的替代品，营养又美味。牛奶吧的存在为牛奶树立了一种新鲜又健康的形象，改变了过去"牛奶只是婴儿的食物，要是成年人喝了，就会倍感尴尬"的形象。[31]

1933年，当牛奶营销委员会从全国牛奶广告委员会接管了大部分牛奶广告和直接推广任务后，牛奶推广工作有了巨大提升。第二次世界大战后，两个委员会进行的广告宣传活动最为成功，打出了"请每天喝一品脱牛奶"的口号，鼓励人们经常饮用牛奶。

1961年的"安全驾驶，请喝牛奶"的宣传广告引起了相当大的轰动（和窃笑），但的确起到了传达"安全驾驶"这一信息。全国牛奶广告委员会预测到了呼气测醉器的出现，便大力宣传"派对前后立即喝一杯牛奶可防止第二天宿醉"。

由于广告的力量，牛奶成了一种珍贵的商品，对消

"能量食物——牛奶让你不再寒冷", 1941年。

头号饮料
牛奶小史

费者大有裨益：常喝牛奶，能助你安然入睡；能让你的肌肤润滑白嫩；能使你的肌肉强健有力；能让老人健康，孩子强健。谁又能抗拒牛奶的诱惑？牛奶消费统计数据表明，广告起到了积极的推动作用。到20世纪50年代中期，英国公众的牛奶摄入量自1938年以来增加了一倍多——从每人每周3.4品脱增加到8.4品脱[32-33]——这种增长趋势一直持续到1970年，20世纪60年代中期达到顶峰，每人每周的牛奶摄入量增至8.7品脱。[34]

英国牛奶之所以能够再具活力主要得益于政府推动的公共卫生运动，美国亦是如此。牛奶广告宣传的形象主要是健康的婴儿和儿童。自20世纪50年代起，公共卫生机构将乳制品推崇为"四大基本食品"之一，成为均衡、健康饮食的主要支柱，并要求孩子们每天喝4杯牛奶。[35]

1924年，芝加哥卫生部举办了一场特技表演，表演中一个以奶粉为动力的机车拉着5节车厢中的200名

"每天吃一点，健康又长寿"，1941年至1943年。

孤儿行驶了大约10英里——这场表演的言外之意是牛奶也是能量,能够创造动力。[36] 这场宣传活动得到了各大报纸争相报道。牛奶作为食品,经济实惠、营养价值高,成为许多西方国家通用广告的宣传重点。

5

现代乳业

牛奶作为西方国家政府大力推崇的食品光辉熠熠，然而自20世纪70年代始，牛奶的光环开始黯淡，声誉再次遭到质疑，只不过这次不是因为牛奶具有传播疾病的风险或恶劣的卫生条件导致的。现代工业生产的牛奶具有清洁卫生、大规模生产、全年供应的特点——这本来也是牛奶应该具有的特点。然而，现代社会存在的一些问题也导致牛奶受到不公对待，消费者们也分不清牛奶究竟对自己是好是坏。不过，关于牛奶也并非全无好消息。在以前不食牛奶的国家（亚洲和拉丁美洲的部分国家）反而将牛奶视为全球商品，牛奶消费量创历史新高。[1]

西方国家牛奶消费量下降

与世界其他国家相比,西方国家对牛奶的消费量仍属最高。但牛奶的消费水平自20世纪60年代以来一直没有增加,甚至有所下降。在英国,根据国家食品调查,全民牛奶消费量已从1974年的每人每周5.1品脱下降至1980年的4.5品脱,到了2000年已降至3.6品脱(数据统计包括学生牛奶和福利牛奶)。[2]事实上,牛奶消费量已再次降至战前水平。

那么,是什么导致了这种下降趋势呢?不可能是乳品行业缺乏广告宣传,也不可能是政府对健康运动支持的力度减小了,相反,这两方面的力度都很突出。但是,纵观20世纪80年代以来的牛奶广告内容,可见牛奶消费下降的端倪。广告商不断尝试改变牛奶的形象,将其重新定位为一种与当下健康问题相关的食品或饮料。

牛奶消费量的最大降幅出现在11—18岁的青少

年群体中，如果这一趋势持续下去，人们担心待到这些孩子成年后患上骨质疏松症和肥胖症的风险变高。[3]导致青少年牛奶摄入量减少的主要原因是碳酸饮料销量的增加。碳酸饮料不断与牛奶争夺青少年市场。1945年，美国人的牛奶摄入量是碳酸饮料的4倍。而到了1988年，这一比例发生逆转，碳酸饮料的消费量变成了牛奶的2倍多。[4]20世纪80年代末，英国的一则电视广告令人难忘。广告中两个小男孩踢完足球后来到冰箱前拿饮料，一个男孩喝了一些柠檬水，而另一个则倒了一大杯牛奶喝。喝柠檬水的男孩说："你竟然还喝牛奶！真恶心！"喝牛奶的男孩说："伊恩·拉什就喝牛奶！要是他不喝大量的牛奶，他就只能为阿克林顿·斯坦利俱乐部效力了（该俱乐部在1962年失去了联赛资格）。""阿克林顿·斯坦利俱乐部？怎么没听说过？"喝柠檬水的男孩问。"就是啊！"喝牛奶的男孩说。听完这话，喝柠檬水的男孩立刻抓了一瓶牛奶喝。看了这则广告的孩子都会明白喝牛奶能够提升运动能力。

　　许多广告都会邀请体育明星，如足球运动员大卫·贝克汉姆和拳击运动员阿米尔·汗，以及电影角色，如超人，对牛奶进行宣传，宣传牛奶具有增强体力、利于成长的功效。尽管这些广告传递的信息是让年轻人多喝牛奶、远离含糖饮料，但牛奶的目标年龄群体的饮用量仍在下降。为了促进牛奶的消费，人们采取了多种措施，如生产巧克力口味的牛奶，在学校的自动售货机里单独供应牛奶（就放在碳酸饮料旁边），积极宣传锻炼后饮用低脂牛奶（或巧克力牛奶）比专业配方的能量型饮料更能补充水分。[5]

　　宣传低脂牛奶的好处，这也是牛奶广告中的一大转变。自1871年奶油分离器发明以来，人们就可以将奶油（脂肪）从牛奶中分离出来。在美国，牛奶可分为脱脂、低脂、含1%脂肪、含2%脂肪和全脂（含4%脂肪）牛奶。英国过去只提供低脂牛奶（脂肪含量为0.5%）、半脱脂牛奶（脂肪含量为1.5%—1.8%）和全脂牛奶（脂肪含量为3.5%），但自2008年1月1日起，根据欧盟规定，英国可以销售脂肪含量为1%和2%的牛奶。英国的塞恩斯伯里超市于2008年4月首次推出了"自有品牌"牛奶，脂肪含量为1%。[6]

奶油分离器可谓牛奶发展过程中的天赐之物，因为根据营养素度量法的评价，乳制品中富含饱和脂肪酸。食用饱和动物脂肪易引发人体动脉粥样硬化以及肥胖和心脏病，从而增大罹患冠心病的风险。因而越来越多的消费者选择低脂牛奶，避免食用全脂牛奶。一位评论员总结道："牛奶成了反脂肪热潮的牺牲品，从过去的健康使者的神坛跌落到罪不可赦的地步，若要复名，还需有力证据证明其清白。"[7]据苏格兰牛奶营销委员会的数据显示，经过脱脂处理的牛奶消费量大幅增加，从1983年的每人每周0.3品脱增至1989年的每人每周1.56品脱，并持续呈增加趋势，现在的牛奶消费者中，已经有高达75%的人经常食用半脱脂和脱脂牛奶。[8-9]

当下美国的牛奶广告不仅着力推广低脂牛奶，还通过宣传敦促消费者"在饮食中加点牛奶"。据营养学研究表明："每天3杯低脂或无脂牛奶有助于维持健康的体重，此外牛奶中富含蛋白质，加上适量的锻炼，有助于强肌健体，打造优美身材。因此，人们要饮食合理，运动量足，在饮食中加点牛奶。"[10]低脂牛奶不仅有助于减肥，还能预防心脏病。有了歌手雪儿·克罗和女演员波姬·小丝等名人代言的广告，人们似乎开始将牛奶与美丽、苗条、运动能力，以及身体成长、力量紧密联系起来。

至于消费者是否真的相信"牛奶有助于减肥"，还有待于时间的检验。尽管乳品行业努力将牛奶包装得"有趣"和"时髦"，但人们还只是将牛奶当作一种"应该"的消费，而不是"喜欢"消费的饮料或食品。毕竟，虽然已经有超过90%的美国公民意识到牛奶"对他们有益"，但实际消费量并没有增长。[11]

抵制牛奶运动：健康问题

牛奶不仅存在脂肪含量高的问题，还有大量证据表明，牛奶是一种绝对有毒的物质，应该将牛奶彻底击落神坛。罗伯特·科恩1997年出版的《牛奶：致命毒药》标志着"抵制牛奶"思想的开始。科恩在书中称牛奶能够引发多种疾病，从乳腺癌、结肠癌、胰腺癌到哮喘和儿童糖尿病，均有涉及。科恩还在后来的著作《牛奶纵览》中引用了大量医学证据支持他的观点。

动物权益组织也从道德的角度劝说消费者不要购买牛奶，还有一些人开始质疑牛奶的安全性。2002年，善待动物组织（PETA）发起了一场"牛奶糟透了"的宣传运动，在他们制作的一张宣传海报中，刚刚宣布自己患有前列腺癌的纽约市长鲁迪·朱利安尼留着牛奶胡子，提了一个问题："想得前列腺癌吗？"这张海报后来被路牌广告公司撤了下来。[12]

对牛奶消费的最大打击，尤其是在美国儿童的摄入量方面，或许源于儿科医生本杰明·斯波克对牛奶观点的转变。他在《斯波克育儿经》一书第七卷中总结道，一岁以下的儿童应只食母乳而非牛奶，此外儿童饮食中也不应该有牛奶和奶制品——因为他们不需要牛奶也能茁壮成长，最好还是把牛奶留给小牛。这一观点与斯波克1946年提出的建议完全相反，当时他提出奶制品应该成为人们饮食的一部分。是什么原因导致他的观点出现如此之大的转变呢？牛奶中缺乏铁元素，食用牛奶甚至会影响儿童对铁的吸收；牛奶还会引发腹绞痛；牛奶也是导致儿童期糖尿病发病的原因之一；许多孩子对牛奶不耐受；素食儿童（斯波克建议两岁以上的儿童应该素食）能够从素食中获得所需营养（尤其是钙）。也有一些营养学家认为他的建议"简直荒唐至极"，有人认为："不让孩子喝牛奶，我认为对孩子极为有害，孩子们需要牛奶中的钙和维生素D。"[13]

既然如此，人们为什么又将牛奶视为敌人呢？许

美国善待动物组织抵制牛奶的广告。图中文字如下：
孩子生病了吗？喝牛奶会引发腹部绞痛、耳部炎症、
过敏、糖尿病、肥胖症及其他疾病。

本地生奶：挤水牛奶，印度旁遮普省卢迪亚纳市。

头号饮料
牛奶小史

多生奶倡导者认为，导致这种局面的主要原因是我们喝的牛奶与奶牛实际生产的生奶相差太大，难以辨认。罗恩·施密德就是美国的一位生奶倡导者，基于韦斯顿·普赖斯的研究，他发起了恢复生奶消费的运动。韦斯顿·普赖斯在20世纪二三十年代周游世界，探索所谓的"原始文化"，记录这些文化的饮食习惯。乳制品是这些文化的饮食中的一个重要组成部分（只要他们饲养牲畜），普赖斯在这些文化中没有发现现代社会的人们认为牛奶引发的任何健康问题。施密德总结道：

现在牛奶商业化的情况不容乐观，难怪人们会有如此糟糕的反应。然而，试想一下，如果你眼前看到的是健康传统的泽西奶牛，还没有被培养成"牛奶机"，大部分时间都在牧场上吃着新鲜青草的场景。再经过适当的程序，确保这样的奶牛生产出来的牛奶纯净卫生。这样的生奶对幼儿、儿童、青少年以及成年人而言都可谓优质食物……我有数百名患者，年龄层次各不相同，一开始都认为牛奶没有好处，但是喝了食青草的健康动物产的生奶后，身体均恢复了健康。[14]

"牛奶"真的是"牛奶"吗？

那么，现在的牛奶究竟哪里有问题呢？生奶运送到加工厂时，已经冷却到了4℃或5℃，然后与其他牛奶一起汇入巨大的储奶仓中。下面的例子描述了将液态奶加工成食用奶的过程。

首先将生奶通过前文描述的高温瞬时加热法进行巴氏杀菌。在超市出售的牛奶都被"标准化"为几种类型，如脱脂牛奶或半脱脂牛奶，而消费者根本意识不到生奶中的天然差异，如奶牛的饮食不同，所产的奶有什么不同。标准化的第一步是利用转速每分钟2000转的离心机将牛奶分离成脂肪和脱脂牛奶。然后，再根据牛奶的类型标准，将一定比例的脂肪加回

英国萨福克郡的奶牛场中一名工人正在监控巴氏杀菌情况。

脱脂牛奶中并混合。全脂牛奶平均脂肪含量为4%，如果将其最低脂肪含量"标准化"为3.5%或3.25%，就需要从中去除一些脂肪。脱脂牛奶和多数低脂牛奶在去脂过程中会损失脂溶性维生素（尤其是维生素A和维生素D），因此必须另外添加维生素以"增加营养"。通常情况下，牛奶都会经过均质化处理，目的是击碎牛奶中的脂肪分子，通过挤压迫使脂肪分子通过狭窄的小口到达一个硬面，然后全部压缩成相同大小的分子。这样脂肪就会均匀地分布在牛奶中，不会在表面形成脂肪层。这一工序的目的主要是为了美观，避免牛奶装入透明塑料瓶中时形成乳脂线。

许多人评论说，以这种方式加工而成的牛奶与新鲜牛奶的口感相差很大，因为改变幅度太大了。一位奶酪制造商将牛奶的加工过程描述为"先打散，再按照人们想要的样子组装起来"。[15]人们指控巴氏杀菌法就是让牛奶变得有"腐臭、灼烧味"的过程，虽然杀死了有害细菌，但同时杀死了构成鲜奶特有清香味的40—

50种菌株。[16]人们还指出均质化过程减少了牛奶的"奶油味",使牛奶喝起来平淡如水。然而,在许多欧洲国家,特别是比利时、西班牙和法国,经过超高温灭菌(UHT)的牛奶销量遥遥领先,说明许多"牛奶"消费者还是喜欢食用这种自然形态早已面目全非的牛奶。

让评论家们不满的不仅仅是现代牛奶的味道,还有巴氏杀菌的过程,他们认为巴氏杀菌的过程降低了牛奶的营养价值。而乳制品业界、政府机构和营养学家均否认巴氏杀菌对牛奶的营养成分有明显影响,于是,人们对牛奶是好是坏更加困惑了。不过有一点十分清晰明了,我们只需要到纽约上东区的一个小社区中的食品店转一转,就会发现牛奶区摆放了30至40种牛奶:从有机牛奶和"无rBST"牛奶再到富含维生素D和维生素A的低乳糖牛奶等,五花八门。[17]

"牛奶"不再是牛奶的说法似乎确实有一定道理。所有这些牛奶的加工过程都与古印度人建议的方法相去甚远,古印度人的建议是应该食用生奶,此外,生奶不宜储存太久，最好煮沸加入香料食用。

高科技牛奶

消费者的需求问题也引发了人们对现代牛奶的担忧。牛奶生产商已经利用科学技术找到了"提高"奶牛产奶量的方法，以及促进动物营养摄取、选择高产牛基因和控制奶牛免受病毒感染的方法。

美国有一项技术脱颖而出：重组牛生长激素（rBGH或rBST），即利用牛体内的一种天然生长激素进行的基因工程。将重组牛生长激素注射到牛体内后，能够使大多数奶牛的产奶量增加10%至15%。评论家认为由于这种生长激素经过了基因改造，因此首先不利于动物自身生长；其次这样的奶牛生产的牛奶是否会影响人类健康也值得怀疑。

1994年，孟山都（Monsanto）公司生产的保饲牌rBST开始上市，美国本地畜群使用后在社会上引发了

头号饮料
牛奶小史

巨大争议。[18]最终，没有使用保饲产品生产出来的牛奶被称为"无rBST"牛奶，消费者可根据自己的喜好进行选择。现在美国的许多大型超市，如克罗格超市和沃尔玛超市，都承诺自主品牌的牛奶中不含rBST，2007年咖啡巨头星巴克承诺不使用含有rBST的乳制品。或许由于消费者的强烈反对，孟山都公司于2008年8月宣布，他们正在考虑"重新定位"（销售）保饲产品——貌似礼来（Elanco）公司已经接过了这个有毒的圣杯。

另一个与牛奶有关的生物技术问题正在浮出水面：由高产的克隆牛生产的牛奶正进入人们的食物链中。克隆牛生产的牛奶不太可能被贴上"克隆牛奶"的标签，因为美国食品和药物管理局已经得出结论，克隆牛的牛奶与"正常牛奶"的成分完全相同，所以不需要专门贴上标签。2008年1月，美国食品和药物管理局又得出结论，克隆牛的牛奶"和我们每天喝的牛奶一样安全"。[19]欧洲食品安全局的立场与之相似，但是消

一家超市里出售的各种牛奶。

费者和乳制品行业是否也有同样的认识还有待观察。业界人士担心如果不给克隆牛生产的牛奶贴上标签，消费者为了安全起见，总体牛奶消费量可能会因此减少。许多食品公司，如卡夫（Kraft Foods）、金宝汤（Campbell Soup Company）和嘉宝（Gerber）以及雀巢公司均承诺，只要能够识别，就不会使用源自克隆动物的产品。

生奶

在这种背景下，消费者难免会担心他们购买的牛奶是如何生产的、含有什么营养物质以及是如何进行加工的，因此，未经巴氏杀菌的生奶销售量持续增加也就不足为奇了。但生奶的消费量仍不到家庭牛奶销售总量的1%，这可能是因为人们很难买到生奶，毕竟医疗和公共卫生部门一直将生奶定为危险食物，认定其是细菌的来源。

自1999年以来，英格兰和威尔士规定，直接向消费者出售生奶属违法行为，除非生产商持有环境、食品和农村事务部颁发的许可证，生奶上还需清楚地标明："此牛奶未经加热处理，可能含有有害健康的物质。"1983年，苏格兰全面禁止销售未经处理的牛奶。美国有18个州规定销售生奶为非法行为，还有4个州规定生奶只能作为宠物食品销售。甚至有人提议将生奶染成木炭色，避免人们购买生奶触犯法律。[20]自1987年起，美国食品和药物管理局颁布禁令，禁止跨州销售供人食用的生奶，因为"生奶，无论生产过程多么仔细，都可能是不安全的"。[21] 2007年，加利福尼亚州通过了立法，对生奶销售设定了严格的细菌含量标准（生产商正在努力推翻该标准）。[22]然而，规避立法的方法和途径也有很多：澳大利亚人给他们的牛奶贴上了"沐浴奶"（Bath Milk）的标签，以期通过这种方式向公众出售生奶，但政府正在设法解决这一漏洞。

　　西方的牛奶销量正在下降，这或许也是意料之中

生奶产品必须贴上健康安全警告。

头号饮料
牛奶小史

的事。当现代消费者得到的信息总是相互矛盾时，自然很难抉择。究竟该喝牛奶，还是不应该喝牛奶——牛奶究竟是"白色毒药"还是"白色灵丹妙药"？毒药也好，妙药也好，人们都已耳熟能详，不过，好在与牛奶相关的并非都是坏消息。

东方国家全脂牛奶消费量增加

虽然在过去的40年中，西方国家的牛奶消费量保持稳定甚至下降，但亚洲国家的情况却恰恰相反，这些传统上不食牛奶的文化已经接受了牛奶这种白色液体。从1964年到2004年，中国的牛奶消费量增长了15倍，泰国牛奶消费量的增长程度是中国的一半，印度、日本和菲律宾的消费量增长了3到4倍。[23]

尽管亚洲的牛奶消费量远低于西方（仅为美国牛奶消费量的2%或3%[24]），但市场正在快速扩大的主要原因是随着收入的增加，亚洲人民对乳制品和其他动物源性食品的需求也随之增加。这一需求的产生应归功于市场营销，市场将牛奶宣传为儿童茁壮成长、强身健体所需的食物，包装成能够吸引亚洲社会群体的食物——亚洲国家的人民逐渐富裕，期望将西方食物纳入其饮食中。也可能是因为牛奶比以前更容易获得、价格更便宜，所以人们开始尝试乳制品了。

亚洲牛奶热潮最早始于日本，日本的学生每天早上到学校都可以喝到牛奶——事实上，正是学校的牛奶计划刺激了该国对牛奶的需求，中国也效仿了这一做法。[25]从2000年开始，全世界30多个国家甚至将9月的最后一个星期三定为世界学校乳品日，有的牛奶是需要学生全额付费，有的享受国家补贴，有的是完全免费，可见各国支持学生食用乳品的力度。[26]

亚洲国家的人们经常在电视广告中看到这样一则广告，广告中介绍了将白色奶粉（源自欧洲牛奶）溶于水后倒进谷物麦片中同食的方法——跨国公司大力宣扬这种西方饮食习惯，以达到在亚洲国家进行"营养殖民"的目的。[27]

除了在谷物麦片中添加的牛奶和学生牛奶外，刺激牛奶消费量增长的最大因素是用牛奶制成的益生菌饮料，如养乐多（Yakult，20世纪30年代日本开发的酸奶型饮料），还有成品奶茶和牛奶饮料的出现。与2006年相比，2007年亚洲消费者饮用的牛奶饮料（尤其是增香乳饮料）增加了13%，主要归因于中国市场需求的增加。[28]自20世纪80年代以来，中国台湾就一直钟爱"珍珠奶茶"——其基本成分有冰镇红茶、牛奶、蜂蜜、冰块和木薯珍珠，将这些材料放入杯中后摇匀即可。亚洲乳类饮料中使用的不只有鲜奶。马来西亚、新加坡和文莱人常喝的拉茶（teh tarik），一种用茶和炼乳制成的饮料，由于茶会在杯子表面形成泡沫，因此看上去与卡布奇诺咖啡比较相似。将茶与炼乳混合后，用两个杯子上下来回"拉动"，形成丰富的泡沫。

牛奶的供需失衡

就全球范围而言,牛奶消费量每年增长约3%,远远超过了牛奶的生产量。[29]因此,这就需要牛奶生产过剩的国家向牛奶产量不足的国家出口牛奶。例如,澳大利亚正在向中东国家出口脱脂奶粉。就连西方国家也面临着牛奶短缺的问题。出于成本过高、劳动力老龄化以及因肺结核导致的牲畜损失等原因,英国许多奶农退出了该行业。[30]而许多亚洲国家还不具备全国范围内养殖奶牛的能力,也没有进口牛奶的渠道,同时没有扩大饲料生产以满足需求的能力。由此可见,如果牛奶供应无法满足人们的需求,那么全球牛奶的价格可能会上涨。

为了解决牛奶供需失衡的问题,人们提出了几种解决方案:增加每头奶牛的产量,扩大除奶牛以外的其他乳品来源,以及减少人们对牛奶的需求。乳品研究一直致力于研究提高奶牛的产奶量,但是对奶牛提

制作拉茶，泰国曼谷。

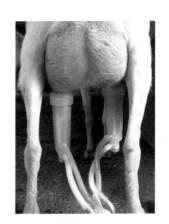

山羊奶开始工业化生产，
逐渐受到欢迎。

出"极端要求"确实会引发伦理和道德问题，消费者应该意识到这一点。[31]至于非牛奶乳品的产量，国际乳品联合会在2007年的报告中称，与10年前相比，水牛奶的产量增加了37%，同期山羊奶和绵羊奶分别增长了3.3%和4.9%，而骆驼奶、牦牛奶和驯鹿奶的产量稳定不变。[32]绵羊奶和山羊奶产量增加，可能是因为其中的乳糖含量比牛奶的含量低，更适合对牛奶明显不耐受的人群食用。但是，国际乳品联合会警告说，非牛奶乳品"仍是一个小众市场，因为毕竟产奶量有限，不可能增加到甚至超过牛奶的预期增长率"。[33]

因此，也许解决的办法就需要减少全球对牛奶的需求量。如果是这样，环保活动家应该感到高兴。如英国萨里大学的食品气候研究小组呼吁从现在起到2050年，发达国家应每周定量向消费者供应一升牛奶，以避免气候变化失控。一升牛奶是发展中国家人们的平均消费量，相当于每天泡一碗谷物燕麦所需的量，或者一周3个普通奶酪三明治所用的牛奶量。[34]之

位于法国东南部安讷西小镇
路边的鲜奶机，2009年。

所以提出这样的要求，是因为奶牛（和其他牲畜）是英国食品生产中甲烷排放的主要来源——奶牛以打嗝和呕吐的形式排放——而牛奶消费量减少了，世界上需要饲养的奶牛数量也会相应减少。

　　至于牛奶的未来，牛奶的声誉在未来很有可能仍将具有争议性，广受公众的关注——只不过通常关注的都是负面信息。近代发生的许多案例都说明了由于人类的干预，牛奶纯洁的形象受到的种种玷污。毫无疑问，牛奶——不管你喜欢与否——仍将是人类历史上最受争议的一种食物。

食　谱

牛奶蜂蜜浴——"现代版"克里奥佩特拉牛奶浴[1]

· 90克奶粉

· 4匙蜂蜜

　　将奶粉和蜂蜜混合成糊状，放入热水浴中溶解。

三文鱼奶油蛋羹汤

- 1夸脱牛奶
- 1盎司黄油
- 一小罐三文鱼
- 2品脱伯氏蛋奶粉
- 1.5匙盐
- 适量胡椒粉

在蛋奶粉中加3匙牛奶混合成面糊，将剩余牛奶煮沸倒入面糊中，加入熔化的黄油和调味品，然后搅拌均匀。三文鱼去皮和去骨，捣碎，加入刚才准备好的酱料中。再次加热，即可食用。

乳酒

- 1盎司白兰地
- 1盎司黑朗姆酒
- 1匙糖
- 2段香草精（可选）
- 4—6盎司全脂牛奶，依个人口味而定

　　加冰将以上材料搅拌均匀，滤入一个大高脚杯中，放入碎冰（或者将所有东西倒入杯子里，加入热牛奶），最后撒上肉豆蔻。

牛奶漆配方——不可食用！[2]

- 1夸脱脱脂牛奶（室温）
- 1盎司熟石灰
- 1—2.5磅白垩粉（也可作为填料加入）

在熟石灰中加入足量脱脂牛奶，形成奶油状。再加入剩余的脱脂牛奶。添加适量的粉末颜料，调和成所需的颜色和稠度。使用前充分搅拌几分钟，使用过程中仍需不断搅拌。没用完的油漆可放在冰箱里保存几天，牛奶变酸后弃之。

墨西哥卡杰塔

· 1夸脱全脂牛奶

· 1夸脱山羊奶

· 2杯糖

· 1/4匙小苏打

将牛奶倒入一个（最好）比较深的釉质铸铁大锅中。取出半杯牛奶，备用。放入糖用木勺搅拌至溶解，慢慢煮沸。将锅从炉火上移开，在刚才备用的半杯牛奶中加入小苏打搅拌，倒入热牛奶中直至起泡。把锅放回炉火上，继续煮牛奶，一边煮一边搅拌，持续约30分钟，直至液体呈糖浆状。

再继续搅拌，待到糖浆变黑、变稠后，用小火再熬30分钟。用木勺刮一下锅底，锅底露出后，糖浆能沿刮痕缓慢聚拢时，将锅从炉火上取出。

将锅静置一旁，待炽热的牛奶糖浆部分冷却但依然能够流动时，将液体倒入小容器中。冷却至与室温相同时，加盖存放。可在室温或冰箱中存放数周。

白咖喱

- 1个中等大小的洋葱，切碎
- 芝麻油或葵花油
- 半杯腰果，漂白去皮，研磨成粉
- 半杯高脂厚奶油
- 2匙奶粉
- 1个大花椰菜菜茎，过水焯至半熟
- 1杯豌豆，新鲜或冷冻均可
- 适量盐
- 1匙切碎的新鲜芫荽
- 半匙茴香籽，磨成粗颗粒
- 1匙芝麻
- 半匙干芫荽，研磨成粉

　　将洋葱炒软，同时将坚果、奶油、奶粉和香料混合搅拌成糊状酱料。将洋葱、酱料和蔬菜混合，炖10分钟。加入适量盐和水。最后撒上新鲜芫荽。

头号饮料
牛奶小史

注　释

1　初乳

1　Layinka M. Swinburne, 'Milky Medicine and Magic', in *Milk: Beyond the Dairy – Proceedings of the Oxford Symposium on Food and Cookery, 1999* (Devon, 2000), p. 337.

2　For more information about the composition and synthesis of milk, see the University of Illinois website: http://classes.ansci.uiuc.edu/ansc438/Milkcompsynth/mil kcompsynthresources.html, as accessed 01/11/08.

3　J. Bostock and H. T. Riley, trans., *The Natural History* by Pliny the Elder (London, 1855), Book xxviii:33 – the reduced amount of roughage in lush, new grass reduces the fat content of the milk.

4　Samuel Pepys, *The Diary of Samuel Pepys*, vol. viii [1667], ed. Robert Latham and William Matthews (Berkeley, ca, 2000), entry for 21 November 1667, p.

543.

5   M. L. Ryder, *Sheep and Man* (London, reprinted 2007), p. 725.

6   The inability to empty the bowels during defecation.

7   Bostock and Riley, trans., Pliny the Elder, *The Natural History*, Book xxviii:33.

8   Valerie Porter, *Yesterday's Farm: Life on the Farm 1830–1960* (Newton Abbot, Devon, 2006), p. 224.

9   Laura Barton, 'Go Green at the Coffee Shop – Just Ask for a Skinny Decaff Ratte', *Guardian*, Comment and features section, 21 November 2007, p. 2.

10 Research by the late Andrew Sherratt at the University of Sheffield; cited in R. Mukhopadhyay, 'The Dawn of Dairy', *Analytical Chemistry*, 1 November 2008, p. 7906 (published on the internet at http://pubs.acs.org/doi/pdf/10.1021/ac801789k, as accessed 23/12/08).

11 Professor Andrew Sherrat and Professor Richard Evershed can be heard on Radio 4, Thursday 26 February 2004 talking about their researches into milk on *The Material World*, hosted by Quentin Cooper. Listen again at www.bbc.co.uk/radio4/

头号饮料
牛奶小史

science/thematerialworld_20040226.shtml, as accessed 06/11/08.

12 See Mukhopadhyay, 'The Dawn of Dairy', p. 7907.

13 Alan Davidson, *Oxford Companion to Food* (Oxford, 1999), p. 503.

14 See www.the-ba.net/the-ba/News/FestivalNews/_ FestivalNews2007/_horsemilk.htm, as accessed 22/07/08.

15 E. C. Amoroso and P. A. Jewell, 'The Exploitation of the Milk-Ejection Reflex by Primitive Peoples', in *Man and Cattle: Proceedings of a Symposium on Domestication* (Royal Anthropological Institute, 1963), p. 126.

16 Aubrey de Sélincourt, trans., Herodotus, *The Histories* (London, 2003), Book iv:2, p. 240.

17 F. E. Zeuner, 'The History of the Domestication of Cattle', in *Man and Cattle*, p. 13.

18 Ryder, *Sheep and Man*, p. 725.

19 Ibid., p. 724.

20 Cited in Andrea S. Wiley, 'Transforming Milk in a Global Economy', *American Anthropologist*, cix/4, p. 670.

21 The ability to digest lactose past adulthood has been traced to a mutant version of the lct gene, which somehow disabled the off-switch for lactase production. Descendents of these milk-drinkers also carried the mutation.

22 Ryder, *Sheep and Man*, p. 725.

23 Cherry Ripe, 'Animal Husbandry and Other Issues in the Dairy Industry at the End of the Twentieth Century', *Milk: Beyond the Dairy*, p. 298.

24 Najmieh Batmanglij, 'Milk and its By-products in Ancient Persia and Modern Iran', *Milk: Beyond the Dairy*, p. 64.

25 Exodus 23:19, 34:26 and Deuteronomy 14:21.

26 All references to ancient Indian medicine taken from www.mapi.com/ayurveda_health_care/newsletters/ ayurveda_&_milk.html, as accessed 16/12/08.

27 Figures cited in 'India Bans Milk Products from China' (*India Post.com* website, 28.09.08), www.indiapost.com/ article/india/3984/, as accessed 09/12/08.

28 Anne Mendelson, *Milk: The Surprising Story of Milk through the Ages* (New York, 2008), p. 14.

头号饮料
牛奶小史

29 2006 figures cited at www.pastoralpeoples.org/docs/
    06Vivekanandanseva.pdf, as accessed 12/12/08.

30 Details of yak milk products found on the fao website:
    www.fao.org/docrep/006/ad347e/ad347e0l.htm,
    asaccessed 17/12/08.

31 William Davis Hooper and Harrison Boyd Ash, trans.,
    Marcus Terentius Varro, *On Agriculture* (London,
    1967) Book ii, Chapter 11:1.

32 From W. W. Rockhill, trans., *The Journey of William of
    Rubruck to the Eastern Parts of the World, 1253–5* (London,
    1900), http://depts.washington.edu/silkroad/texts/
    rubruck.html#kumiss, as accessed 12/12/08.

33 Benedict Allen, *Edge of Blue Heaven: A Journey through
    Mongolia* (London, 1998), p. 74.

34 From Rockhill, trans., *The Journey of William of
    Rubruck.* 35 For more details see Yagil et al., 'Science
    and Camel's Milk Production' (1994) at www.
    vitalcamelmilk.com/pdf/yagil-1994.pdf, pp. 3–4, as
    accessed 17/12/08.

36 Bostock and Riley, trans., Pliny the Elder, *The Natural
    History*, Book xi:96.

37 Cited on Bedouin Camp website at www.dakhlabedouins.com/bedouin_healing.html, as accessed 17/12/08.

38 Cited at the 'Sámi Information Centre' website:www.eng.samer.se/GetDoc?meta_id=1203, as accessed17/12/08.

39 Carol A. Déry, 'Milk and Dairy Products in the Roman Period', *Milk: Beyond the Dairy*, p. 11.

40 George Rawlinson, ed. and trans., *The History of Herodotus*, vol. iii (New York, 1885), 4:2.

41 Julius Caesar, trans. W. A. McDevitte and W. S. Bohn, *Commentaries on the Gallic War* (New York, 1869), 5:14.

42 Déry, 'Milk and Dairy Products in the Roman Period', p. 11.

43 Bostock and Riley, trans., Pliny the Elder, *The Natural History*, Book xx:44.

44 H. G. Bohn, trans., *The Epigrams of Martial* (London, 1865), 13.38.

45 Bostock and Riley, trans., Pliny the Elder, *The Natural History*, Book xxviii:33.

46 Déry, 'Milk and Dairy Products in the Roman Period', p. 121.

47 Ibid., p. 122.

48 Ibid, p. 120.

49 C. Anne Wilson, *Food and Drink in Britain: From the Stone Age to the 19th Century* (Chicago, il, 1991), p. 149.

50 William Harrison, *A Description of Elizabethan England* (1577), Chapter xii:7.

51 John Burnett, *Liquid Pleasures: A Social History of Drinks in Modern Britain* (London, 1999), p. 29.

52 Keith Thomas, *Man and the Natural World: Changing Attitudes in England 1500–1800* (London, 1984), p. 94.

53 Cited in Patricia Monaghan, *The Red-Haired Girl from the Bog: The Landscape of Celtic Myth and Spirit* (California, 2004), p. 176.

54 Ibid., p. 176.

55 Patricia Aguirre, 'The Culture of Milk in Argentina', *Anthropology of Food*, 2 September 2003, http://aof. revues.org/document322.html, as accessed 03/04/09.

56 See discussion in G. A. Bowling, 'The Introduction of Cattle into Colonial North America', p. 140, at http://jds.fass.org/cgi/reprint/25/2/129.pdf, p. 140, as

accessed 18/12/08.

57 Ibid., p. 140.

2 "白色灵丹妙药"

1 M. J. Rosenau, *The Milk Question* (Cambridge, 1912), p. 6.

2 Cassandra Eason, *Fabulous Creatures, Mythical Monsters and Animal Power Symbols* (London, 2008), pp. 89–91.

3 J. Bostock and H. T. Riley, trans., Pliny the Elder, *The Natural History* (London, 1855), Book xiv:88.

4 DeTraci Regula, *The Mysteries of Isis: Her Worship and Magick* (Saint Paul, mn, 1995), pp. 162–3.

5 Hilda M. Ransome, *The Sacred Bee in Ancient Times and Folklore* (New York, 2004), p. 276.

6 Chitrita Banerji, 'How the Bengalis Discovered *Chhana*' in *Milk: Beyond the Dairy – Proceedings of the Oxford Symposium on Food and Cookery* (Devon, 2000), pp. 49–50.

7 Ibid., p. 50.

8 Hilda Ellis Davidson, *Roles of the Northern Goddess* (London, 1998), pp. 36–7.

9   Layinka M. Swinburne, 'Milky Medicine and Magic', in *Milk: Beyond the Dairy*, p. 338.

10 Cited in Thomas Keightley, *The Fairy Mythology*, vol. i (London, 1833), p. 110.

11 An Oxonian, *Thaumaturgia, or Elucidations of the Marvellous* (Oxford, 1835), p. 24.

12 Cited in E. C. Amoroso and P. A. Jewell, 'The Exploitation of the Milk-Ejection Reflex by Primitive Peoples', in *Man and Cattle: Proceedings of a Symposium on Domestication* (Royal Anthropological Institute, 1963), p. 135.

13 Bostock and Riley, trans., Pliny the Elder, *The Natural History*, Book xxviii:33.

14 Ibid.

15 Cited in Layinka M. Swinburne, 'Milky Medicine and Magic', p. 341.

16 Ibid., p. 337.

17 Pope cited in Sir Egerton Bydges *Collins's Peerage of England*, vol. iv (London, 1812), p. 156.

18 W. J. Gordon, *The Horse World of London* (London, 1893), pp. 174–5.

19 Margaret Forster, *Elizabeth Barrett Browning* (London, 1988), p. 365.

20 From the *Bulletin de l' Académie de Médecine*, 1882, cited at www.asinus.fr/histoire/info.html, as accessed 17/07/08.

21 Anon., 'The Physician A-Foot', *The Times*, 13 September 1850, p. 7.

22 Anon., 'Massolettes and Sour Milk', *The Times*, 10 March 1910, p. 9.

23 Bernarr MacFadden, *The Miracle of Milk: How to Use the Milk Diet Scientifically at Home* (1935) – copy of text at www.milk-diet.com/classics/macfadden/macfaddenmain.html,as accessed 14/12/08.

24 Bostock and Riley, trans., Pliny the Elder, *The Natural History*, Book xi:96 and Book xxviii:50.

25 Steven S. Braddon, 'Consumer Testing Methods', in *Skin Moisturization*, ed. James J. Leyden and Antony V. Rawlings (New York, 2002), p. 435.

26 Ibid., p. 436.

27 George P. Marsh, *The Camel: Organization, Habits and Uses* (New York, 1856), p. 75.

头号饮料
牛奶小史

3 白色毒药

1　Colin Spencer, *British Food: An Extraordinary Thousand Years of History* (London, 2002), p. 162.

2　Samuel Pepys, *The Diary of Samuel Pepys: 1668–1669*, ed. Robert Latham and William Matthews (Berkeley, ca, 2000), entry for 20 May 1668, p. 207.

3　John Burnett, *Liquid Pleasures: A Social History of Drinks in Modern Britain* (London, 1999), p. 30.

4　William Cobbett, *Cottage Economy* (London, 1828), 'Keeping Cows: 113'.

5　Burnett, *Liquid Pleasures*, p. 32.

6　Peter Quennell, ed., *Mayhew's London* (London, 1984), p. 131.

7　Cited in P. J. Atkins, 'White Poison? The Social Consequences of Milk Consumption, 1850-1930', *Social History of Medicine*, v (1992), p. 226.

8　M. J. Rosenau, *The Milk Question* (Cambridge, 1912), p. 6.

9　Cited in Thomas Beames, *The Rookeries of London* (London, 1852), pp. 214–15.

10　P. J. Atkins, 'London's Intra-Urban Milk Supply circa 1790–1914', *Change in the Town* (Transactions of the

Institute of British Geographers, New Series), ii/3 (1977), p. 395.

11 Robert Milham Hartley, *An Historical, Scientific, and Practical Essay on Milk as an Article of Human Sustenance: Consideration of the Effects Consequent Upon the Unnatural Methods of Producing It for the Supply of Large Cities* (New York, 1977), p. 134.

12 Andrew F. Smith, 'The Origins of the New York Dairy Industry', in *Milk: Beyond the Dairy – Proceedings of the Oxford Symposium on Food and Cookery* (Devon, 2000), p. 325.

13 Abraham Jacobi (president of the American Medical Association), cited at www.realmilk.com/untoldstory_1.html, as accessed 24/11/08.

14 William Cobbett, *Cottage Economy*, 'Keeping Cows: 127'.

15 Although Hartley did publish a series of essays in 1836–7.

16 Robert Milham Hartley, *Essay on Milk*, p. 109.

17 Ibid., p. 110.

18 Ibid., p. 125.

19 P. J. Atkins, 'Sophistication Detected: Or the

Adulteration of the Milk Supply 1850–1914', *Social History*, xvi (1991), p. 320.

20 Cited in Atkins, 'London's Intra-urban Milk Supply', p. 388.

21 Cited in Burnett, *Liquid Pleasures*, p. 39.

22 Atkins, 'Sophistication Detected', p. 320.

23 Ref: Tobias Smollett – see footnote 31.

24 John Timbs, *Curiosities of London: Exhibiting the Most Rare and Remarkable Objects of Interest in the Metropolis* (London, 1855), p. 49.

25 Jim Phillips and Michael French, 'State Regulation and the Hazards of Milk, 1900–1939', *Social History of Medicine*, xii/3, p. 373.

26 Cited in Atkins, 'White Poison?', pp. 211–12.

27 Atkins, 'London's Intra-Urban Milk Supply', p. 395.

28 Cited in Atkins, 'White Poison?', p. 212.

29 Atkins, 'Sophistication Detected', p. 338.

30 Upton Sinclair, *The Jungle* (New York, 1985), p. 93.

31 Tobias Smollett, *The Expedition of Humphrey Clinker* (New York, 1836), p. 159.

32 Derek Hudson, *Munby: Man of Two Worlds* (London,

1972), p. 250.

33 Atkins, 'London's Intra-Urban Milk Supply', p. 395.

34 Anon., 'Bad Milk', *New York Times*, 30 April 1874.

35 '"Best for Babies" or "Preventable Infanticide"? The Controversy over Artificial Feeding of Infants in America, 1880–1920', *The Journal of American History*, lxx/1 (June 1983), p. 84.

36 See chapter entitled 'Why Not Mother?' in E. Melanie DuPuis, *Nature's Perfect Food: How Milk Became America's Drink* (New York, 2002) pp. 46–66.

37 '"Best for Babies" or "Preventable Infanticide"?', p. 77.

38 Mary F. Henderson, *Practical Cooking and Dinner Giving* (New York, 1887), p. 333.

39 'Milk and its Preservation', *Scientific American*, n.s., 2 July 1860, iii, pp. 2–3.

40 See the history of Borden, Inc at www.fundinguniverse. com/company-histories/Borden-Inc-Company-History. html, as accessed 17/11/08.

41 The Anglo-Swiss Company was established in Switzerland in 1866. This company later merged, and was ultimately incorporated into Nestlé.

42 '"Best for Babies" or "Preventable Infanticide"?', p. 78.

43 Burnett, *Liquid Pleasures*, p. 37.

44 See 'Condensed Milk for School Use', at www.milk. com/wall-o-shame/nutrition/Condensed_Milk.html, as accessed22/12/08.

45 Alan Jenkins, *Drinka Pinta: The Story of Milk and the Industry that Serves it* (London, 1970), p. 58.

46 Cited in Penny Van Esterik, 'The Politics of Breastfeeding: An Advocacy Perspective', in *Food and Culture: A Reader*, ed. Carole Counihan and Penny Van Esterik (London, 1997), p. 371. Many breast-feeding advocates cite this speech as the beginning of the movement leading up to the boycott of Nestlé's infant formulas in 1977, after their aggressive sales tactics to Third World countries.

4 成为头号饮料

1 Frank Trentmann, 'Bread, Milk and Democracy: Consumption and Citizenship in Twentieth-Century Britain', in *The Politics of Consumption: Material Culture and Citizenship in Europe and America*, ed. Martin J. Daunton and Matthew Hilton (Oxford,

2001), pp. 139–40.

2 M. J. Rosenau, *The Milk Question* (Cambridge, 1912), p. 3.

3 Ibid., p. 297.

4 Cited in P. J. Atkins, 'White Poison? The Social Consequences of Milk Consumption, 1850–1930', *Social History of Medicine*, v (1992), p. 217.

5 The British doctor David Bruce identified *Brucella melitensis* in 1886, which was the bacteria responsible for widespread outbreaks of Malta Fever seen in British soldiers garrisoned on Malta – they were drinking large quantities of goat's milk, which was transmitting the bacteria.

6 Rosenau, *The Milk Question*, pp. 6–7.

7 bid., p. 97.

8 '"Best for Babies" or "Preventable Infanticide"? The Controversy over Artificial Feeding of Infants in America, 1880–1920', *The Journal of American History*, lxx/1 (June 1983), p. 86.

9 Although, confusingly, this pasteurized milk was known as 'sterilized' milk, as reported in the *New York Times*, 16 May 1894.

头号饮料
牛奶小史

10 Cited on the 'Real Milk' website at www.realmilk.
com/untoldstory_1.html, as accessed 25/11/08.

11 For further discussion, see Francis McKee, 'The
Popularisation of Milk as a Beverage During the 1930s',
in *Nutrition in Britain: Science, Scientists and Politics in the
Twentieth Century*, ed. David F. Smith (Oxford, 1997), p.
125.

12 Cited in 'Milk Must Be Pure Under New Order',
New York Times, 19 December 1911. See http://query.
nytimes.com/mem/archive-free/pdf?res=9900e6d81e31
e233a2575ac1a9649d946096d6cf.

13 For further detail see Trentmann, 'Bread, Milk and
Democracy', p. 141.

14 Cited in Atkins, 'White Poison?', p. 226.

15 Cited in Trentmann, 'Bread, Milk and Democracy', p. 142.

16 Cited in Jim Phillips and Michael French, 'State
Regulation and the Hazards of Milk, 1900–1939',
Social History of Medicine, xii/3, p. 376.

17 Ibid., pp. 371–2.

18 Although the National Milk Publicity Council (who
ran the early milk schemes) appeared to take great care

in providing 'Pasteurized' or raw 'Grade A (tt)' milk to the children, there is no information available on the actual grades of milk used.

19 Atkins, 'White Poison?', p. 226 (fn 91).

20 Peter Atkins, 'The Milk in Schools Scheme, 1934–45: 'Nationalization' and Resistance', *History of Education*, xxxiv/1 (January 2005), p. 2.

21 McKee, 'The Popularisation of Milk as a Beverage During the 1930s', p. 126.

22 Atkins, 'The Milk in Schools Scheme', p. 2.

23 The Milk Marketing Board was established in the Agricultural Marketing Acts of 1931 and 1933 to regulate the marketing of milk. The Board purchased all milk produced and sold it for liquid consumption or manufacture. The income was pooled and proportionally distributed back to producers. It was abolished in 1994.

24 Atkins, 'The Milk in Schools Scheme', p. 5.

25 John Burnett, *Liquid Pleasures: A Social History of Drinks in Modern Britain* (London, 1999), p. 46. This scheme remained in place until 1968 when free milk

was withdrawn from secondary schools by a Labour government (justified because of the lower take-up by older pupils). Then in 1971 it was withdrawn by a Conservative government from elementary school children over seven years old (unless they had a medical certificate). The politician responsible for the cut was Margaret Thatcher (then the Conservative Secretary of State for Education) and the unpopular move gained her the playground taunt of 'Thatcher, Thatcher, Milk Snatcher.'

26 Cited in McKee, 'The Popularisation of Milk as a Beverage During the 1930s', p. 138.

27 Isabella Beeton, *Mrs Beeton's Book of Household Management* (London, 1861), chap. 33, para. 1627.

28 Colin Spencer, *British Food: An Extraordinary Thousand Years of History* (London, 2002), p. 297.

29 Alan Jenkins, *Drinka Pinta: The Story of Milk and the Industry that Serves it* (London, 1970), p. 103.

30 'Milk Bars', *The Times*, 4 September 1936, p. 13.

31 McKee, 'The Popularisation of Milk as a Beverage During the 1930s', p. 136.

32 From the *Agricultural Statistics* and *The Statistical*

Abstract of the United Kingdom – based on food supply estimates. See D. J. Oddy, 'Food, Drink and Nutrition', in *The Cambridge Social History of Britain, 1750–1950*, ed. F.M.L. Thompson (Cambridge, 1990), p. 268.

33 Based on data from the uk's *National Food Survey, 1942–1996* at https://statistics.defra.gov.uk/esg/publications/nfs/datasets/allfood.xls, as accessed 01/12/08.

34 Ibid.

35 Daniel Ralston Block, 'Hawking Milk: The Public Health Profession, Pure Milk, and the Rise of Advertising in Early Twentieth-century America', in *Milk: Beyond the Dairy–Proceedings of the Oxford Symposium on Food and Cookery* (Devon, 2000), p. 86.

36 Ibid., pp. 90–91.

5　现代乳业

1　Andrea S. Wiley, 'Transforming Milk in a Global Economy', *American Anthropologist*, cix/4, p. 666.

2　Data converted from defra statistics at www.statistics.gov.uk/cci/SearchRes.asp?term=food+consumption, as accessed 01/12/08.

3   L. D. McBean, G. D. Miller and R. P. Heaney, 'Effect of Cow's Milk on Human Health', in *Beverages in Nutrition and Health*, ed. T. Wilson and N. J. Temple (Totowa, nj, 2004), p. 217.

4   Ibid., p. 214.

5   'Making Good Beverage Choices: Reach for a Glass of Milk After your Next Workout', at www.whymilk. com/health_choices_workout.php, as accessed 02/12/08.

6   Valerie Elliot, 'Milk Producers Urged to Skim Off More Fat as eu Relaxes Rules', *The Times*, 1 January 2008.

7   McBean, Miller and Heaney, 'Effect of Cow's Milk on Human Health', p. 208.

8   Data taken from Verner Wheelock, ed., *Implementing Dietary Guidelines for Healthy Eating* (London, 1997), p. 229.

9   Elliot, 'Milk Producers Urged to Skim Off More Fat'.

10   See the 'Milk Your Diet' website at www.whymilk. com, as accessed 02/12/08.

11   Wiley, 'Transforming Milk in a Global Economy', p. 675.

12 peta's 'Milk Sucks' campaign: www.milksucks.com/
index2.asp, as accessed 24/11/08.

13 Dr T. Berry Brazelton cited in Jane E. Brody, 'Final
Advice from Dr Spock: Eat Only All your Vegetables',
New York Times, 20 June 1998.

14 Ron Schmid, 'Nutrition and Weston A. Price' (2003)
at www.drrons.com/weston-price-traditional-nutrition.
htm, as accessed 03/12/08.

15 Sarah Freeman and Silvija Davidson, 'The Origins of
Taste in Milk, Cream, Butter and Cheese', in *Milk:
Beyond the Dairy – Proceedings of the Oxford Symposium
on Food and Cookery* (Devon, 2000), p. 163.

16 Ibid., p. 163.

17 Cherry Ripe, 'Animal Husbandry and Other Issues
in the Dairy Industry at the End of the Twentieth
Century', in *Milk: Beyond the Dairy*, p. 297.

18 Terry Etherton, *Transcript: Consumer Awareness
of Biotechnology–Separating Fact from Fiction* on
the PennState website at http://blogs.das.psu.edu/
tetherton/2006/11/06/consumer-awareness-of-
biotechnology-separating-fact-from-fiction/, as accessed

头号饮料
牛奶小史

05/12/08.

19 On the web at www.fda.gov/cvm/cloning.htm, as accessed 30/05/08.

20 David E. Gumpert, 'Got Raw Milk?', *Boston Globe Sunday Magazine*, 23 March 2008.

21 From the us Food and Drug Administration. Questions and Answers: Raw Milk webpage at www.cfsan.fda.gov/~dms/rawmilqa.html, as accessed 03/12/08.

22 Gumpert, 'Got Raw Milk?'.

23 Wiley, 'Transforming Milk in a Global Economy', p. 668.

24 Ibid., p. 668.

25 See http://news.bbc.co.uk/1/hi/magazine/6934709.stm, as accessed 17/07/2008.

26 Michael Griffin, 'Issues in the Development of School Milk', paper presented at the School Milk Workshop, fao Intergovernmental Group on Meat and Dairy Products (June 2004). See www.fao.org/es/esc/common/ecg/169/en/School_Milk_fao_background.pdf, as accessed 02/12/08.

27 Ripe, 'Animal Husbandry and Other Issues', p. 298.

28 See 'Global Growth Potential Lies in Milk and Water
   Drinks–Report', 15 September 2008 on Dairyreporter.
   com:www.dairyreporter.com/Industry-markets/
   Global-growthpotential-lies-in-milk-and-water-drinks-
   report, as accessed 15/10/08.

29 Figures from Rabobank Group in 2007, cited in Gavin
   Evans and Danielle Rossingh, 'Got Milk Money?
   Prices Up as World Wants More Dairy', *Seattle Times*,
   25 May 2007.

30 Caroline Stocks and Jeremy Hunt, 'Tough Going as
   Milk Production Sinks to a New Low', *Farmers Weekly*,
   17 October 2008, p. 24.

31 Hannah Velten, *Cow* (London, 2007), pp. 158–60.

32 Figures cited in Neil Merrett, 'Innovation Required
   to Milk Sheep and Camel Dairy Potential', on
   the Food&Drink Europe.com website: www.
   foodanddrinkeurope.com/Consumer-Trends/
   Innovation-required-to-milk-sheep-andcamel-dairy-
   potential, as accessed 06/12/08.

33 Ibid.

34 David Derbyshire, 'Meat must be Rationed to Four

头号饮料
牛奶小史

Portions a Week to Beat Climate Change, Says Government-funded Report', *Daily Mail*, 1 October 2008.

食 谱

1　Taken from www.seriouseats.com/recipes/2007/12/cocktails-milk-punch-recipe.html, as accessed 22/07/08.

2　Taken from The Real Milk Paint Company at www.realmilkpaint.com/recipe.html, as accessed 21/12/08.

参考文献

Burnett, John, *Liquid Pleasures: A Social History of Drinks in Modern Britain* (London, 1999)

DuPuis, E. Melanie, *Nature's Perfect Food: How Milk Became America's Drink* (New York, 2002)

Hartley, Robert Milham, *An Historical, Scientific, and Practical Essay on Milk* (New York, 1977)

Jenkins, Alan, *Drinka Pinta: The Story of Milk and the Industry that Serves it* (London, 1970)

Mendelson, Anne, *Milk: The Surprising Story of Milk through the Ages* (New York, 2008)

Milk: Beyond the Dairy – Proceedings of the Oxford Symposium on Food and Cookery 1999 *(Devon, 2000)*

Rosenau, M. J., *The Milk Question* (Cambridge, 1912)

Ryder, M. L., *Sheep and Man* (London, 2007)

Spencer, Colin, *British Food: An Extraordinary Thousand Years of History* (London, 2002)

头号饮料
牛奶小史

致　谢

感谢哈里·吉洛尼斯一如既往的耐心，感谢所有免费提供照片的人。

此书送给我的儿子卡梅伦，感谢他在我进行研究和写作时的陪伴——书中若出现任何错误，请原谅我的"孕期大脑"。